KB089762

너의 삶도
조금은
특별해질 수 있어

여행자 태오의 퇴사 후 첫 남미여행

너의 삶도
조금은
특별해질 수 있어

글 · 사진 태오

온전히 나를 위한,

그리고

나를 닮은 선택

 택배박스 하나 달랑 들고는 사무실을 나섰다. 가벼운 발걸음에 맞추어 어디론가 떠나기에 딱 좋은 청명한 날씨였다. 드라마에서나 보는 일이라고 생각했는데, 정확히 그 일이 나에게 일어났다. 나는 그렇게 7년 만에 퇴사를 했다.

 '그래, 어떤 선택을 하더라도 후회는 남겠지!'

 이대로 앉아서 후회만 하기보다는 후회하더라도 새롭게 시작하는 편을 택하기로 했다. 지금의 현실에 머물면 후회만 남겠지만, 적어도 하고 싶은 걸 선택하면 후회 하나만 남지는 않을 것 같았다. 나에게는 인생의 2막을 시작하기 전 짧은 인터미션 시간이 주어졌고, 그 사이에 나는 장기여행자가 되어보기로

했다. 이 시간만큼은 어떤 것에도 구애받지 않고 자유롭고 싶었다.

  남미로 가는 첫 티켓을 끊었다.
  처음에 누군가 왜 남미냐고 물었다면, 나는 '그냥'이라고 대답했을 것이다. 누구를 사랑하는 데 이유가 없듯이 내가 남미를 선택한 데도 대단한 이유는 없었다. 단지 내가 가장 신나게 즐길 수 있는 곳이 남미이고, 이런 나를 가장 많이 닮은 곳 역시 남미라는 생각이 들었다.
  남미를 여행하며 광활한 대자연 속에서 비로소 나를 찾기를 희망했고, 태양만큼 뜨거운 열정 속에서 충분히 나를 즐기게 하고 싶었다. 아무것도 정하지 않은, 그래서 어쩌면 목적도 이유도 없어 보이는 여행이지만 그렇기에 온전히 나를 위한 시간이 될 수 있었다. 여행의 이유, 그것은 나 자신이었다.

여행을 한다는 것은
내 인생에 대한 물음에
스스로가 답을 찾아가는 과정이었다.

이번 여행에서 정해진 답이란 없었고, 언제나 뚜렷한 결과가
있어야 하는 것도 아니었다. 모든 일을 완벽하게 끝낼 필요도
없지만 여행의 매일을 최선으로 임할 수도 없는 법이다. 나의 여
행에서 '반드시'라는 틀은 없었다. 무언가를 해야 한다는 딱딱
함보다는 자연스럽고 자유로운 여행.
　그것이 내가 퇴사를 한 이유이자 남미로 떠난 이유였고, 내가
바랐던 여행이었다.

여행자 태오

02 페루

03 볼리비아·칠레

에콰도르

Ecuador

조금 헤매고 돌아가도 괜찮다.
어차피 이런 게
나의 여행이었으니까.

여행의 시작인 에콰도르에서는
처음이라 헤매고 돌아가기 일쑤였지만
느리다는 것이 잘못된 것은 아니었다.

빨리 서둘러야 할 이유가 전혀 없었다.
헤매고 돌아가는 과정조차 나에겐 전부 여행이었다.

사표를 던진 그 순간부터
쫓기듯 달려나가는 것은 그만두기로 했다.
내 여행은 내 속도에 맞게, 그렇게 가고 싶다.

#01

첫날 밤,
사라진 배낭과 공항노숙

　에콰도르 밤 12시 정각, 나는 지구 반대편에 서 있었다. 꼬박 하루가 걸리는 시간이었다. 입국수속을 마치고 나의 분신과도 같은 95리터짜리 대왕배낭을 찾기 위해 수화물이 나오는 곳으로 이동했다. 컨베이어벨트에 올라오는 커다란 짐들은 올라오기가 무섭게 빠른 속도로 하나둘씩 사라져갔다. 그리고 마지막 여행객이 주인 없이 떠돌던 캐리어를 집어 가자 공항은 순식간에 조용해졌다. 날카로운 마찰음을 내며 돌던 컨베이어벨트까지 완전 멈추고 나니, 영화 〈인터스텔라〉의 주인공처럼 고요한 공간에 혼자만 덩그러니 남게 되었다. 혹시나 하는 마음에 주변을 서성거리며 다른 곳들을 둘러보았지만 어디에도 대왕배낭과 비슷한 것은 보이지 않았다.

역시 불길한 예감은 틀린 적이 없었다.

바로 옆에 위치한 수화물 센터에 찾아가 짐을 조회해보았더니 정말로 배낭은 남미에 없었다. 무슨 일일시트콤처럼 그 항공편에서 유일하게 내 배낭만 오지 않았던 것이다. 맙소사! 이건 또 무슨 말도 안 되는 상황인가. 쉽지 않은 여행이 될 것이라고 예상은 했지만 시작부터 배낭분실이라니. 불행인지 다행인지 배낭은 경유지였던 댈러스 공항에 무사히 홀로 있다고 했다.

서류를 작성하고 나니 벌써 새벽 1시가 넘은 시각이었다. 며칠 뒤에 짐을 숙소로 배달해주겠다는 답변과 함께 증명서 한 장을 들고서는 터덜터덜 공항을 빠져나왔다. 남미니까 당연히 더울 것이라 예상했던 것과는 달리 쌀쌀한 밤공기가 가슴골을 파고들었다. 공항 밖은 한차례 빠져나간 사람들로 한산했고 그 흔한 택시조차 잘 보이지 않았다. 텅 빈 공항에 서서 찬바람에 옷깃을 여미며 하늘을 한번 올려다보았다.

'어쩐지 출발할 때 운이 좋더라니, 역시 이런 일이 안 생길 내가 아니지.'

예상은 했지만 이런 일이 실제로 벌어지고 나니, 나도 모르게 '피식' 하고 코웃음이 나왔다. 그래도 다행히 이번에는 생존도구 정도는 챙겨왔기 때문에 마음이 든든했다. 사실 과거에도 경유지에서 짐이 오지 않은 적이 있었는데, 그때는 수화물에 모든 짐을 넣는 바람에 맨몸으로 3~4일 버티며 고생한 적이 있었다. 이번 항공편도 넓은 댈러스 공항에서 경유시간이 짧은 것을 확인하고는 불현듯 그때의 기억이 떠오르며 짐이 안 올 수도 있겠다는 생각이 들었다. 그래서 여분의 옷과 휴대용 생필품은 모두 분리해서 따로 기내에 들고 타게 된 것이었다.

설마 하는 마음에 준비한 생존도구가 정말로 신의 한 수가 될 줄이야.

짐은 오지 않았지만 이상하게 마음은 조금 뿌듯했다. 월드컵 우승팀을 맞춘 것처럼 예상이 적중했다는 짜릿함이랄까? 이 작은 생존도구 하나면 한 달도 거뜬히 살 것만 같은 자신감이 들었다.

애초에 숙소를 잡고 온 것은 아니었기 때문에 정해진 행선지는 없었다. 세계여행 첫날부터 숙소도 안 잡고 온 것이 조금 무모하게 보일 수도 있지만 그런 것에 크게 구애받는 타입은 아니었다. 오히려 그때그때 상황에 맞게 유동적으로 결정하는 것이 더 편했다. 숙소를 못 구하면 공항에서라도 자면 된다고 생각했기 때문에 별다른 걱정은 없었다.

막상 이렇게 짐도 없고 시간도 늦어버리니 정해진 행선지가 없다는 것이 더 좋았다. 힘들게 어딘가로 숙소를 찾아갈 필요도 없고, 무거운 짐을 메고 밤중에 고생하지 않아도 되고. 어딜 가도 가볍고 자유로웠다.

남미에서 달랑 손가방 하나라니,
얼마나 자유로운 방랑객인가.
이래도 그만, 저래도 그만.
이래도 좋고, 저래도 좋다.
누가 뭐래도 여긴 남미니까!

다행히 키토공항에 숙박이 가능한 라운지가 있어서 추운 데서 입 돌아갈 일은 없을 것 같았다. 이름부터가 'Layover Stay Lounge'라니, 하루 정도 쪽잠을 자기에는 안성맞춤이었다. 어두운 라운지는 야간의 찜질방처럼 이미 많은 사람들이 자리를 잡고 잠을 청하는 중이었다. 편하게 누울 수 있도록 만들어진 1인용 소파에 담요까지 있으니 꽤나 안락해 보이는 잠자리였다.

라운지 가장 안쪽의 유리 벽 옆에 자리를 잡고는 담요를 덮었다. 하루 종일 샤워도 못하고 옷도 갈아입지 못한 채로 웅크리고 잠을 청했지만 마음만큼은 편했다. 지금 느껴지는 작은 두근거림은 짐이 없어졌다는 불안감이 아닌 남미에서 맞이하는 첫날 밤에 대한 설렘일 것이다. 전면이 유리로 된 창으로 바라보는 에콰도르의 밤은 하늘을 이불 삼아 자는 것처럼 별이 선명하게 보였다.

'아, 회사가 아니라 이제 정말 남미구나.'

생각지 못한 변수들이 있었지만 이 정도면 썩 괜찮은 남미에서의 첫날 밤인 것 같았다.

너의 삶도 조금은 특별해질 수 있어

무언가를 선택한다는 것은
때론 순간의 결정이 아닐 수도 있다.

내가 어떤 길에 들어선 순간부터
선택해야 할 답은 이미 정해진 것인지도 모르겠다.
내가 여행을 결심한 순간부터
내 여행의 방식이 정해진 것처럼.

지금 내가 맞이하는 상황들도 어쩌면 모두
과거의 내가 선택한 결과의 연장선이 아닐까?

02

나는 왠지
불편한 여행이 더 좋다

키토 Quito

나처럼 계획 없고 대책 없는 여행자들은 여러모로 사람들을 만날 일이 많아지게 된다. 미리 조사하고 준비를 했다면 지체할 일 없이 알아서 척척 움직일 수 있겠지만, 나처럼 무지몽매한 사람은 꼭 현지에 가서야 묻고 찾기 바쁘다. 첫날 밤을 공항에서 지낸 것만 보아도 알 수 있지 않은가.

누군가의 도움이 절실히 필요했다. 특히 에콰도르의 수도인 키토에서는 다른 이들의 도움 없이 혼자서 어딘가를 찾아간다는 것이 결코 쉬운 일은 아니었다. 물론 이곳이 택시비가 저렴해 택시를 타면 쉽고 빠르게 갈 수도 있지만 나는 조금 불편하더라도 사람들을 보는 것이 좋았다. 직접 만나고 옆에서 부딪쳐

보면서 피부로 느껴지는 친밀함을 좋아했다. 버스에 오르내리는 다양한 사람들을 구경하고 이야기도 나누다 보면, 에콰도르에 대해 더 많은 것들을 이해하고 더 가까워질 수 있었다. 비록 어떤 목적지에 빨리 가지는 못하더라도 에콰도르와는 더 빨리 친해질 수 있었다.

키토 시내에서 적도박물관까지 가는 날. 외곽도로로 다니는 버스를 이용하면 한 번에 갈 수 있다는 말에 일단 거리로 나왔지만, 어디서 어떤 버스를 타야 할지는 도저히 감이 잡히지 않았다. 숙소에서 20분을 걸어 올라간 도로에는 황량할 만큼 아무런 표지판도 보이지 않았다. 물끄러미 육교 위에서 관찰해보니 한 무리의 사람들이 모여 있는 곳에 버스가 정차하는 것을 발견할 수 있었다. 모르긴 몰라도 아마 그곳이 버스 정류장인 것 같았다.

하지만 문제는 몇 대의 버스를 떠나보내고도 여전히 타야 할 버스를 알 수 없다는 것.

결국 스윽 눈치를 보다가 제일 영어를 잘 할 것 같아 보이는 안경 쓴 소녀에게 다가가 길을 물어보았다. 다행히 영어를 알아듣기는 했지만 돌아오는 대답은 역시나 스페인어였다. 1퍼센트도 이해하지 못하고 머리만 긁적이고 있었는데도 소녀는 절대로 포기하지 않았다. 설명하고 또 설명하고, 짧은 영어에 손짓 발짓까지. 오랜 친구보다도 더 친절하게 설명해주었다.

한참을 설명하다 결국 먼저 버스를 타고 떠났지만 마지막까지도 나를 그냥 버려두고 가지는 않았다. 파출소에 맡겨진 아이처럼 정류장에서 주스를 팔던 아주머니 옆에 꼭 붙어서 버스를 기다리게 했다. 순간 머쓱해진 나는 아주머니에게 주스 한 잔을 부탁했다. 그러자 아주머니는 손수레 한편에 쌓여 있던 오렌지를 반으로 갈라 투박한 쇳덩어리 위에서 힘껏 눌러 즙을 짜기 시작했다. 순식간에 눈앞에서 대여섯 개의 오렌지가 과즙을 뿜어내며 사라졌고, 이내 순도 100퍼센트의 오렌지가 한 병 가득히 내 앞으로 전달되었다.

마침 그때 한 대의 버스가 도착했고 아주머니는 버스를 가리키며 얼른 타라는 시늉을 했다. 정신없이 버스에 올라 창밖을 바라보자 아주머니는 웃으며 손을 들어 인사해주셨다. 아주머니의 미소에 양손으로 화답을 하고는 버스의 맨 뒷좌석으로 이동했다. 이제야 길을 올바로 찾았다는 안도감에 '휴' 하고 숨을 크게 내쉬고는 주스를 한 모금 들이켰다.

아, 정말이지 그 맛은, 세상에 둘도 없는 최고의 오렌지주스였다.

남미에 오지 않았더라면 평생 몰랐을 달콤함이었다.

키토에서 발길이 닿는 곳이라면 어디라도 주스 한잔에 담겨 있던 따뜻함을 만날 수 있었다. 만약에 내가 조금 더 편한 길을 택했거나 모든 것을 완벽하게 알았다면 이 따뜻함을 느낄 수 있었을까? 무엇이든 100퍼센트 완벽한 것보다는 조금 부족하고 서툰 것들에서 여행의 감흥을 느낄 수 있다. 물론 길을 잘못 알려줘서 헤매기도 하고, 짧은 길 대신 먼 길을 돌아가는 수고를 겪을 때도 있었다. 지도만 보고 버스에서 내렸다가 엉뚱한 곳으로 가기도 하고, 알려준 것과는 달리 버스가 이상한 방향으로 가서 모르는 동네에 내린 적도 있다.

그래도 나는 이런 여행이 좋았다. 조금 불편하더라도 생동감 넘치는 그런 여행 말이다. 편하고 쉬운 여행은 왠지 나만의 여행 같지가 않다. 고생하고 힘들더라도 하나하나 내 발로 직접 가보고 내 눈으로 따라가는 여행이 좋다.

여행은 시간기록을 측정하는 시합이 아니니까. 그렇기 때문에 목적지에 빨리 도착할 필요도 없고, 어떤 목적지에 가기 위해 최단루트를 알아야 할 필요도 없다.

'어떻게 도착하든, 얼마의 시간이 걸리든, 아무렴 어때서! 가기만 하면 되는 거잖아?'

느려도 괜찮다. 돌아가는 시간도 아깝지 않다. 그 시간들조차 모두 여행이니까. 어떤 목적지에 도착해서 즐기는 것도 여행이지만 목적지를 찾아가는 과정도 나에겐 여행이었다. 여행이란, 처음부터 끝까지의 모든 과정을 포함하는 것이었다.

여행의 결과는 같을 수 있어도 과정은 모두 다르다.
결국 그 과정이 나만의 이야기가 된다.
그래서 난 오히려 불편한 것이 더 좋다.
불편할수록 나의 이야기는 더 재밌고 특별해질 테니까.

너의 삶도 조금은 특별해질 수 있어

남미의 첫 바람

양옆으로 울타리를 쳐놓은 길의 중턱에 누구에게도 방해받지 않고 조용히 키토를 느낄 수 있는 비밀의 공간이 있었다. 언덕의 최대한 끝으로 걸어가 두 발을 모으고 눈을 감으면 맑은 공기가 가쁜 숨을 잔잔하게 하며 온몸에 청량감을 전달한다. 그리고 그 기운이 혈관을 타고 전두엽까지 전해지면 눈을 감고 있어도 자연스럽게 키토의 풍경이 머릿속에 그려진다.

찬 공기는 이내 역동적인 바람이 되어 온몸을 휘감는다. 길면서도 매섭게 불어오는 바람은 발끝보다 더 아래쪽에서부터 언덕을 거슬러 올라오고 있었다. 자연스레 두 팔을 벌려 바람을 한가득 잡으면 하늘로 날아오른 독수리처럼 거센 바람이 그대로 나를 하늘로 밀어올린다.

해발 4100미터의 텔레페리코. 남미에서 맞이한 나의 첫 바람이었다.

　이침비아는 낮과 밤이 모두 매력적이다. 아침이면 작은 동산
에 올라 산책을 하며 주변 경치를 구경하기 좋고, 밤이면 반짝
이는 야경을 한눈에 볼 수 있다. 특히 카페나 레스토랑에 앉아
라이브 음악을 들으며 야경을 바라보는 것은 꽤나 로맨틱한
일이다. 가끔 분위기에 취하는 낭만적인 밤을 만나고 싶을 때,
나는 이침비아로 향한다.

내 인생의 첫 분화구 호수를 에콰도르에서 보다니. 한라산 백록담과 백두산 천지를 가까이 두고도 먼 길을 돌아 지구 반대편인 에콰도르에서 처음 화구호를 만났다. 아직도 낯선 남미 땅에서 본 푸른 호수는 왠지 한국을 떠올리게 한다.

주차장에서 딱 5분! 나처럼 저질체력인 사람들에게 킬로토아는 화구호를 구경할 수 있는 최적의 장소였다.

버스가 멈춰 서자 한 어린 소녀가 자신의 무릎보다도 높은 버스의 계단을 힘겹게 올라온다. 하얀 블라우스에 남색 치마, 그리고 검은색 구두까지. 10살도 채 안 되어 보이는 어린 소녀는 몸에 딱 맞는 작은 교복이 잘 어울렸다. 버스가 파네시요의 정상에 도착하자 소녀는 벌떡 일어나서 제일 처음으로 버스에서 내렸다. 나도 소녀를 따라서 내렸다.

유럽풍의 세련되어 보이는 반듯한 거리, 그 한편엔 상가들이 늘어서 있다. 소녀는 중간쯤 되는 상점으로 달려 들어갔다. 그리고 그제서야 해맑게 웃으며 가게 안쪽에 누워 엄마에게 재잘재잘 떠들기 시작했다. 사랑스러운 딸의 모습에 엄마는 큰 손으로 소녀의 얼굴을 한 번 쓸어내렸다.

그런 상가들 앞에는 커다란 천사상이 솟아 있었다. 두껍게 하늘을 가리고 있던 구름이 물러가고 태양이 내리쬐자 머리를 감싸고 있던 성스러운 별들이 반짝이기 시작했다. 함부로 쳐다볼 수 없을 정도로 눈부시게, 마치 진짜로 하늘에서 내려온 천사처럼. 그는 오른손을 들어 마을을 쓰다듬듯이 감싸고 있었다. 그것은 마치 엄마가 소녀의 얼굴을 쓸어내린 것과 흡사한 모양이었다.

사람들은 파네시요를 빈민가라고 불렀다. 동네에 대한 별다른 설명보다는 그냥 못사는 동네, 위험한 동네라고 불렀다. 그리고 또 누군가는 이곳에 사는 사람들이 불쌍하다며 안타까워하기도 했다.

하지만 파네시요는 결코 그런 곳이 아니었다. 천사상이 지키고 있는 이 아름다운 동네는 보이는 그대로 아름다운 곳이었다. 거기에 굳이 '빈민가'라는 수식어를 붙일 필요는 없었다. 그들의 삶을 우리의 기준으로 판단할 이유는 없어 보였다. 건물이 낡았다고 아이들의 마음까지 그런 것은 아니니까. 내 눈엔 사랑스러운 소녀와 엄마의 모습이 파네시요의 집집마다 보였다. 누군가 빈민가라 손가락질하는 공간일지라도 천사의 품 안에 놓인 이곳에서 그들은 가장 행복해 보였다.

파네시요 소녀의 웃음이 어딘가 천사상을 닮았다고 느껴지는 건 기분 탓일까?

파네시요가 아름다운 이유는 단지 경치나 야경이 훌륭해서만은 아닌 것 같다. 바로 여기에 머무는 이 사람들, 아름다운 사람들이 있기 때문이다. 이 거대한 천사가 모두를 따뜻하게 품어주길 기도한다. 그리고 파네시요의 아이들이 항상 저 천사를 닮은 미소를 가지길 간절히 바란다.

#03

솔직히 고백하자면
전 변태입니다

바뇨스 Banos

여행을 하다 보면 평소의 모습과는 전혀 다른 자신을 만나기도 한다. 무슨 이유에서인지 여행만 오면 꼭 평소에 안 하던 것을 해보고 싶은 마음이 생긴다. 한국에서는 하고 싶지도 않고 못할 것이라고 생각했던 일들이 이상하게 해외만 나오면 다 할 수 있을 것 같고 뭐든지 해보고 싶어진다. 특히 남들이 안 하는 것이나 꺼리는 일들이라면 더욱 더!

내겐 자전거가 그랬다. 서울에서는 탈 기회도 없고 타고 싶지도 않았던 자전거였는데, 바뇨스에선 자연스럽게 이끌리듯 발이 자전거로 향했다. 이 넓은 자연 속에서 매연을 뿜어대는 기계덩어리만 타고 다니기는 너무 아쉽다는 생각이 들어서였을까? 지난 몇 년간 자전거를 한 번도 안 탔으니 분명 고생할 게 뻔했지만 그래도 자전거를 포기할 수는 없었다. 비록 내일 몸져눕더라도.

'내일은 또 내일 어떻게든 되겠지!'

자전거를 하루 빌려 악마의 폭포라고 불리는 '디아블로'까지 무작정 달려보기로 했다.

시내의 골목길은 이른 시간이라 조용하고 한적했다. 대부분의 식당이나 가게들은 아직 문도 열지 않은 상태였고, 이따금씩 강아지들이 지나가는 자전거를 향해 컹컹거리며 소리를 지를 뿐이었다. 아무도 없는 텅 빈 도로를 달리자니 새벽 공기를 혼자 독차지하고 마시는 기분이었다. 오랜만에 밟아보는 자전거 페달의 눌림도 나쁘지 않았다. 발끝에 힘을 줄수록 아침 공기는 더욱 시원하고 풍성하게 불어왔다.

눈이 맑아지는 하얀 시내 골목이 끝나고 검은 아스팔트 도로가 나타났다. 왕복 2차선의 시골 도로는 한적할 것이라는 예상과는 달리 커다란 버스와 트럭들이 좌우로 쌩쌩 달리고 있었다. 속도도 하나 줄이지 않고 무지막지하게 스쳐 지나가는 대형 차량들 덕분에 엉덩이까지 땀이 삐질삐질 흘렀다. 그리고 나의 나약한 자전거는 그 위력을 견디지 못하고 계속 위태롭게 휘청휘청거렸다. 약간의 생명의 위협이 있었지만 그래도 자전거에

서 바라보는 풍경은 차창 너머로 보는 풍경보다는 훨씬 아름
다웠다.

맛깔스러운 주변 풍경들은 무수히 스쳐가는 차들도 잊게 만
들 정도로 진하고 달짝지근했다. 혀를 가져다 대면 진득한 꿀
처럼 달달한 액체가 묻어날 것 같은 풍경이었다. 산자락들은
도로를 따라 병풍을 쳐놓은 듯이 널브러져 있었고, 조경사가
다듬은 것처럼 반듯한 푸르름들이 산에 활력을 더하고 있었다.
시내와 멀어질수록 산은 더 뾰족하게 높이 솟아올랐고, 자전거
는 점점 더 깊은 산골짜기의 협곡으로 들어가는 기분이었다.

그런데 분명 아침까지 좋았던 날씨가 갑자기 흐려지면서 점
점 거세게 빗방울이 내리기 시작했다. 가는 날이 장날이라더니,
오랜만에 신나게 자전거에 올랐는데 날씨가 도와주질 않는다.
비는 내리는데 땀은 흐르고, 옆에서 쌩쌩 달리는 차바퀴에서
튀는 물세례까지. 온몸은 이미 알 수 없는 액체로 흠뻑 젖어버
렸다.

두 시간의 사투 끝에 간신히 디아블로 폭포에 도달했다. 중
간에 몇 번 헤매긴 했지만 그래도 어찌어찌 잘 찾아왔다는 것
에 만족했다. 입구에 자물쇠로 자전거를 단단히 묶어두고는 입
장권을 구매한 뒤 디아블로 폭포를 향해 걸어 들어갔다. 빗물

을 약간 머금은 땅은 폭신폭신해서 걷기에 적당히 좋았을뿐더러 모래에 미끄러지거나 먼지가 날릴 일도 없었다. 나뭇잎들도 빗방울에 한차례 샤워를 해서인지 더욱 짙고 푸르게 보였고, 간간이 보이는 계곡물은 넘칠 듯이 힘차게 콸콸 흐르고 있었다. 풍성하게 나무가 우거진 산길을 오르락내리락 걷다 보니, 동네 뒷산에 온 것처럼 마음이 한결 편안해졌다.

얼마 지나지 않아 정돈된 돌길이 나오면서 시원한 소리가 귓가에 먼저 들려왔다. 모퉁이를 돌자 하얀 물줄기가 커다란 엿가락처럼 아래로 곧장 곤두박질치고 있었다. 물줄기는 웅덩이 안에서 솜사탕 같은 하얀 거품들을 뭉게뭉게 만들어냈고, 여기저기 흩뿌려지는 작은 물방울들이 촉촉하게 피부에 와 닿았다. 폭이 그리 넓지는 않았지만 머리 위에서부터 뿜어져 나오는 위력적인 디아블로 폭포는 마음이 뻥 뚫릴 정도로 시원스러웠다.

폭포의 안쪽에는 성인 한 명이 겨우 지나갈 정도의 비좁은 통로가 있었다. 통로가 워낙 좁아서 바위에 머리를 부딪치고 옷도 엉망이 되었지만, 어린 시절 모험을 떠나는 것 같은 추억이 떠올라서 오히려 더 재미있었다. 군대에서 배운 낮은 포복자세까지 동원해서 힘겹게 마지막 구간을 통과하면 폭포의 물줄기를 그대로 느낄 수 있는 비밀의 공간에 도착하게 된다.

'기왕 이렇게 된 거 신나게 놀아보자!'

폭포가 바로 코앞에 나타나자 다른 생각은 들지 않았다. 저 폭포를 향해 무작정 달려가고 싶다는 생각뿐이었다. 옷에 축축하게 남아 있던 알 수 없는 액체들이 오히려 나에게 용기를 불어넣어 주었다. 어차피 한 번 젖은 몸인데, 더 흠뻑 젖는다고 크게 달라질 것도 없지 않는가!

과감하게 폭포로 돌진하자 거대한 물줄기가 머리를 강타하면서 1초 만에 홀딱 젖고 말았다. 온몸은 다시 축축해졌지만 기분은 짜릿했다. 이미 내게 젖은 이유 따위는 크게 중요하지 않았다. 땀에 젖건, 비에 젖건, 폭포에 젖건, 그냥 젖었다면 몸 사리지 않고 더 푹 젖어드는 것이 좋았다.

가장 미친 듯 놀아야 가장 기억에도 남는다.
가끔은 이렇게 정신을 놓고, 아무 생각도 하지 말고.
나중에 후회하지 말고 지금 이 순간을 즐기자. Right now!
그래, 바로 이 맛이지!

이 짜릿한 맛을 잊지 못해서 해외만 나오면 안 하던 짓을 하게 된다. 미친 듯이 페달을 밟아 폭포까지 온 것도, 머리부터 신발까지 폭포수에 홀딱 젖어버린 것도 모두 내일은 생각하지 않고 벌인 일이었다. 여행의 내일에는 출근도, 미팅도 없으니까!

그건 한 번 시작하면 끊을 수 없는 마약처럼 중독성이 강한 여행의 맛이다. 그래서 언제나 여행지에서는 숨겨왔던 변태기질이 스멀스멀 기어나오게 되는 것 같다. 이런 걸 즐기는 것을 보면 나는 확실히 변태가 맞는 것 같다.

변태 중에서도 '여행변태'!

나는 이 섹시한 별명이 아주 마음에 든다.

#04

삐그덕거리면 어때?
앞으로만 가면 되지!

바뇨스 Banos

새벽 5시 알람이 울리기 시작한다. 여행 가면 언제나 늦잠 자고 여유롭게 하루를 시작하기 마련이지만 오늘만큼은 일찍 일어나야 할 이유가 있었다. 옷을 주섬주섬 입고 밖으로 나왔는데 새벽이슬이 아직 차가웠다. 해도 뜨기 전이라 거리에는 주황색 가로등만이 띄엄띄엄 길을 비추고 있었다.

바뇨스에서 산전수전을 겪으며 친해진 일행들이 모두 약속 장소에 도착했고 우리는 버스를 타기 위해 함께 걸어갔다. 모두들 졸린 눈을 비비고 하품을 하며 터벅터벅 걷는 모습을 보니, 정신은 아직도 침대 위에 두고 온 것 같았다. 그런데 너무 여유를 부렸던 탓일까? 어느새 버스 도착 시간인 5시 반이 거의 가까워져 있었고, 그제서야 우리들은 눈을 부릅뜨고 찬바람을 가르며 뛰기 시작했다.

휴, 그래도 간신히 도착! 뭐 5분 정도 늦기는 했지만 괜찮다. 원래 버스는 다 몇 분 정도 늦게 오는 법이니까. 그런데 10분, 15분, 20분… 시간은 계속 흘렀지만 버스는 감감무소식이었다. 분명히 여기까지 오면서 버스는커녕 쥐새끼 발자국 소리도 못 들었기에 아직 오지 않은 것이라고 확신하고 있었다. 혹시나 하는 마음에 근처에 딱 하나 불이 켜져 있던 상점에 들어가 물어보니, 아저씨는 진작에 버스가 떠났을 것이라며 껄껄 웃었다.

"아이고, 이런!"

"야, 우리가 하는 일이 다 그렇지 뭐!"

우리는 그렇게 서로를 바라보며 한참을 비웃고는 발걸음을 옮겼다. 이 새벽에 마땅히 다른 데 갈 곳도 없었기 때문에 다시 숙소로 돌아가야 했다. 역시 평소에 안 하던 짓을 하면 꼭 탈이 나기 마련이다. 그렇게 우리들의 무모한 도전은 좌절되는 것처럼 보였다.

"너네 아침부터 단체로 어디를 가는 거야?

"까사델아르볼 가려다가 버스를 놓쳤어요."

"그래? 그럼 이 트럭이라도 타고 갈래?"

전혀 예상치 못한 곳에서 희망의 불씨가 다시 피어올랐다. 우리가 불쌍해서 갑자기 하늘에서 트럭이라도 내려준 모양이었다. 트럭에 기대어 시크하게 카풀을 제안하는 아저씨의 모습이 왠지 모르게 섹시한 구세주처럼 느껴졌다. 비용도 인당 2.5달러로 버스비와 별반 차이가 없었기에 우리는 한 치의 망설임도 없이 한마음으로 아저씨를 따라 트럭에 뛰어올랐다.

이것이 비극의 시작인 줄은 꿈에도 모른 채로.

트럭은 말 그대로 그냥 트럭이었다. 일행 중에 여성들은 트럭의 앞좌석에 탈 수 있었지만 기껏해야 두세 자리가 전부였기 때문에 나머지는 아무런 안전장치도 없는 짐칸에 타야만 했다. 그런데 그곳은 그야말로 난장판이었다.

우리는 피톤치드 가득한 새벽의 산길을 상쾌하게 올라갈 줄 알았지만, 실상은 트럭의 짐짝들처럼 휘청휘청 삐그덕거리며 오르고 있었다. 트럭은 비포장도로 위에서 심하게 출렁거렸고 꽉 붙잡지 않으면 순식간에 차 밖으로 굴러 떨어질 판이었다. 마치 추억의 '디스코팡팡'을 타는 것처럼 한시도 엉덩이를 붙이고 앉아 있을 수가 없었다. 게다가 옆에서 나뒹구는 밧줄과 날카로운 농기구들은 어디로 튈지 몰라 수시로 우리들의 목숨을 위협하고 있었다.

어쩐지 가격이 너무 싸더라니, 역시 섹시한 구세주는 결코 쉽게 곁을 내어주는 법이 없었다.

하지만 흙먼지 가득한 짐칸에 드러누워 허리를 부여잡고 있으면서도, 이 어이없는 상황에 웃음이 터져나왔다. 모두 고통스러워했지만 왠지 얼굴은 웃고 있었다. 한시도 긴장의 끈을 놓을 수 없는 이 험난한 상황보다 이렇게라도 갈 수 있다는 것이 좋았는지도 모르겠다. 트럭 안에서 조용히 앉아가던 다른 일행들은 그런 모습을 보고는 손가락을 돌리며 미친 사람 보듯이 쳐다보기도 했다. 그렇게 한참을 달리던 트럭은 목적지인 까사델아르볼에 도착해서야 처음으로 멈춰 섰다.

우여곡절 끝에 도착했고, 이 정도 고생했으면 이젠 모든 것이 해피엔딩으로 마무리될 줄 알았다.

하지만 이대로 끝날 우리의 여정이 아니었다. 우리는 도착했고 트럭 아저씨는 떠났지만, 여기에는 아무도 없었다. 그곳에 걸어 다니는 생명체라고는 우리들이 전부였다. 생각해보니 일행 중에 그 누구도 여기 오픈 시간에 대해 진지하게 고민하지 않은 채로 모두가 무작정 올라온 것이었다. 하긴 아무리 버스가 새벽부터 있다고 해도 어떤 정신 나간 인간들이 그네 한번 타겠다고 새벽 5시에 일어나서 오겠는가.

산속 한가운데 위치한 까사델아르볼은 아주 고요하고 한가로웠다. 이 난관을 헤쳐나갈 방법은 얌전하게 앉아서 기다리는 것뿐이었다. 그렇게 집 나온 강아지처럼 쪼그리고 앉아 기다리기를 40여 분. 드디어 멀리서 자동차 엔진소리가 들려오더니, 곧 무거운 열쇠꾸러미를 철렁거리며 한 아저씨가 나타났다. 두 번째 구세주의 등장! 아저씨는 사람이 있을 것이라고는 예상하지 못한 듯 우리를 보자마자 깜짝 놀라며 웃는 얼굴로 맞아주셨다.

아니 상황이, 우리가 아저씨를 맞아준 꼴이 되어버렸지만.

많은 우여곡절이 있었지만 결국 우리는 1등으로 까사델아르볼에 입장할 수 있었다. 여기에 오기까지의 고생들이 무색할 만큼 주변 경치는 숨막힐 듯이 아름다웠다. 구세주가 열어준 곳이니 아무래도 이곳이 에덴동산처럼 보였을지도 모르겠다. 이 넓은 대자연 한가운데 우리뿐이라니, 완전 행복의 동산이었다. 게다가 들리는 소문에 의하면 이곳의 명물인 '세상의 끝 그네'를 타기 위해서 한 시간 넘게 줄 선 사람도 있다던데, 우리는 그럴 필요가 없었다. 질릴 때까지 마음껏 그네도 타고 남들 눈치 볼 것 없이 사진도 마음껏 찍었다.

이렇게 자유롭게 그네를 타는 것은 누군가 뒤에서 기다리는 것과는 분명히 달랐다. 사진을 찍기 위해서가 아니라 정말 어린 시절에 친구들과 노는 그런 기분이었다. 마치 몰래 산속 비밀기

지를 찾아온 것처럼 말이다. 여유롭게 그네를 타면서 그 위에서
살랑거리는 풍경을 감상하는 기분이란, 어떻게 설명하면 좋을
까? 앞에는 푸른 산과 하늘이 있고 발아래는 아찔한 경치가 펼
쳐지니, 하늘에 대롱대롱 매달려 있는 것 같다고나 할까?

　새벽에 버스도 놓치고, 트럭에서 생명의 위협도 느끼고, 도착
해서는 거지처럼 기다렸어도 어쨌든 결과는 대만족이었다. 역시
일찍 일어나는 새가 콩고물이라도 하나 더 주워 먹는 법이었다.
고난의 3연속을 이겨내고 얻은 콩고물치고는 그 맛이 꽤나 달
콤했다.

　남들이 볼 때 좌충우돌 코미디 같고, 뒤죽박죽 엉망진창처럼

느껴져도 괜찮다. 누구나 다 그렇게 흔들리면서 조금씩 앞으로 나아가는 것이니까. 다른 사람들은 그렇지 않다고 하더라도 그게 무슨 상관인가, 이게 나만의 방식인데.

'왜? 조금 삐걱거리면 어때서?'

시소처럼 불안정하게 흔들려도 결국 자연스럽게 흘러간다. 흔들흔들 불안정하게 보이는 것도 그 순간일 뿐이다. 어떤 것이라도 시간이 지나면 기억도 나지 않을 만큼 작고 사소한 것들이었다.

평평하게 균형이 맞춰진 시소는 아무런 재미가 없다. 불안하더라도 계속 오르락내리락하며 흔들거리는 시소 같은 여행이 나는 더 즐겁다.

누군가의 채찍질에 의해 쫓기듯
앞으로 달려나가는 일은 그만두었다.

하지만 이제 내가 가야 할 길을
나 스스로가 찾아야 할 때였다.

내 인생은 어떤 목적을 이루기보다
그 여정이 아름다운 삶이고 싶다.

삶을 조금 더 특별하게 만들어주는 건
아마도 목적보다 이런 여정에 있지 않을까?

#05

당신에게
선물하고 싶은 보석

산타크루즈 섬 Isla Santa Cruz, Galapagos

갈라파고스는 왠지 무슨 '제도'라는 이름이 붙는 섬나라처럼 느껴지지만, 실제로는 에콰도르에 속한 하나의 섬이었다. 정확히는 그 부근의 모든 섬과 지역을 통틀어서 갈라파고스라고 불렀고, 여러 개의 섬들이 각각의 이름을 가지고 있었다. 그중에서도 가장 발달된 산타크루즈 섬은 사람도 많고 인프라도 잘 갖추어져 있었지만, 그만큼 근처에서 여유로운 해변을 찾기가 쉽지 않았다.

어느덧 갈라파고스에 넘어온 지도 일주일이 훌쩍 지났다. 앞으로도 2주가 넘는 시간을 갈라파고스에 더 머물 예정이었기 때문에 다른 여행객들과 나는 확연히 다른 모습이었다. 평균

일주일 안팎으로 짧게 머무는 사람들에게 매일 연거푸 투어를 나가는 것은 당연했지만, 그보다 더 많은 시간이 주어진 나는 굳이 그럴 이유도, 여력도 없었다. 오래 머문다고 투어를 열 몇 개씩 나갈 수도 없는 노릇이었고, 비슷한 투어를 여러 개 하는 것도 큰 의미는 없어 보였다. 물론 사람들의 발길이 닿지 않는 야생에 나가서 스노클링을 하거나 스쿠버다이빙을 하는 것은 매력적인 경험이다.

하지만 나에겐 그런 투어 이외에도 남들이 할 수 없는 것들을 가능케 하는 시간적 여유가 충분했다.

　　새벽 5시 반의 갈라파고스는 소음을 허락하지 않겠다는 듯
고요했다. 간간이 들리는 새소리만 있을 뿐 거리는 한산했다.
점점 선명해져가는 시야로 어렴풋이 날이 밝아오고 있음을 알
수 있었다. 입구에 도착했지만 토르투가베이로 향하는 문은 굳
게 닫혀 있었다.

　　'6시에 연다고 들었는데 아닌가?'

　　장기여행자가 아껴야 될 건 돈이었지, 시간만큼은 넉넉했기
에 문 옆에 털썩 앉아 기다려보기로 했다. 쌓이는 시간만큼 점
점 어명이 걷히자, 하나둘 다른 사람들도 걸어 올라왔다. 조깅
을 하기 위해 운동복 차림으로 나온 여성, 나처럼 촬영을 위해

카메라를 들고 온 관광객, 두 손을 꼭 맞잡고 산책 나온 노부부까지. 그리고 뒤를 이어 여유로운 모습의 한 아저씨가 자전거를 끌고 도착했다. 다행히 그는 이곳의 관리인이었고, 우리들은 그를 따라 입구 옆에 위치한 작은 사무실에서 간단히 서명을 한 뒤 해변을 향해 각자의 여정을 시작했다.

해변까지 이어진 길은 잘 정돈된 작은 오솔길이었다. 길 옆에는 얼기설기 수풀이 우거져 있었고, 숲과 길을 구분 지어주는 낮은 돌담이 있었다. 사람 두 명이 지나갈 정도의 넓지 않은 하얀 길은 꼬부랑꼬부랑 해변을 향해 뻗어 있었다. 이른 시간 잠에서 깬 작은 새들은 샤워하듯 나뭇가지에 몸을 비벼 단장을 하거나 분주하게 머리를 돌리며 먹잇감을 찾고 있었다. 작은 도마뱀도, 나비도, 곤충들도 저마다 바삐 움직이며 하루를 시작하는 중이었다.

나무가 무성하던 길을 한참 걷다 보면, 순간 앞을 가리던 나무들이 사라지면서 하늘이 서서히 열리기 시작한다. 나무들이 무릎 아래로 작아지면 새들의 지저귐은 줄어들고 바닷물 부딪치는 소리가 점점 커지게 된다.

이른 아침의 토르투가베이는 잠들어 있던 미지의 공간이었다. 발소리에 깨어난 대지 위에는 고스란히 지나온 흔적들이 남겨졌다. 바다는 아주 잔잔하고 낮게 흘러 들어왔다. 테이블 위에 쏟아진 한 잔의 술처럼 얇고 진하게 향기를 남기며 퍼져나갔다. 향기는 온전히 하늘을 머금고 있어서 하늘과 바다의 경계가 무의미하게 보일 정도였다. 하늘의 시원함과 구름의 순결함이 고스란히 바다에 내려앉아 해변을 걷는 것이 마치 하늘을 걷는 기분이었다. 찰랑이는 이 해변을 따라가면 지구 반대편까지도 갈 수 있을 것만 같았다.

축축한 모래의 중앙에 서보니 이 세상에 처음 존재했던 인간인 아담이 된 기분이었다. 지구에 나 혼자만 있는 것 같은 기분. 모든 것은 태초의 모습이었다.

서서히 구름 뒤에서 밀려오던 태양은 푸르게만 보였던 바다를 점점 따듯하게 만들었다. 하늘에 붉은 기운이 완연히 감돌자 이내 바다도 황금색으로 빛나기 시작했다. 찰랑이는 물결에 반사된 햇살은 크리스마스 트리의 조명처럼 소소하게 반짝였고, 가느다란 황금 실타래가 바람에 따라 수면 위를 수놓았다. 여기저기서 잠잠하던 이구아나들은 일출을 신호탄으로 몸을 꿈틀거렸다. 그러고는 태양을 따라 움직이는 해바라기처럼 일제히 빛이 쏟아지는 곳을 향해 움직였다. 긴 꼬리에서 묻어 나오는 아름다운 곡선들이 동쪽으로 계속 뻗어나가면서 수면엔 바람보다 더 선명한 자국이 남았다.

태양이 해변을 소생시키고 왕성하게 생명력을 불어넣으니, 겨울처럼 잠잠하던 해변도 어느덧 봄처럼 변해버렸다. 혼자만 영원할 것 같았던 시간도 이제는 지나가버린 찰나의 순간이 되었다. 다시 현실로 돌아가야 할 시간이 된 것이다.

갈라파고스에서 머무는 시간이 많지 않은 사람들에게 토르투가베이는 별 볼 일 없는 심심한 해변일 수도 있다. 하지만 아침의 고요한 토르투가베이는 결코 단조롭지만은 않았다. 그것은 이 세상에 존재하지 않는 시공간에 온 느낌이었다. 하늘을 그대로 반사하던 큰 거울이 황금빛으로 변해가는 모습은 도심

너의 삶도 조금은 특별해질 수 있어

에서 느낄 수 없는 순수한 감동이었다. 그리고 그것을 누구의 방해도 받지 않고 오롯이 감상한다는 것은 타임머신을 타고 과거로 돌아가 태초의 인간만이 누렸을 축복을 경험해보는 마법 같은 시간이었다.

유명한 관광지라고 해서 꼭 가야 할 필요는 없다. 애초부터 여행에서 그런 정해진 법칙 같은 건 없다. 태양을 찾아가는 이구아나처럼 어디라도 내 마음이 끌리는 곳으로 향하는 것이 더 여행답다. 모두에게 평범한 곳도 나에게만큼은 특별하게 다가올 수도 있다. 그리고 어딘가에는 나만이 발견할 수 있는 특별함도 분명히 존재한다.

그래서 나는 남들이 모르는 공간이 더 좋다. 아니면 같은 공간이라도 나만 발견할 수 있는 매력을 가진 곳들을 좋아한다. 그것은 마치 숨겨진 보석의 원석을 발견하는 기분이다. 다른 사람들에게는 그저 길거리의 돌처럼 평범하게 보이는 곳이 나에게만 보석처럼 반짝여 보이는 마법 같은 일이 일어난다.

갈라파고스의 텅 빈 해변이 바로 그런 곳이었다. 내 기억 속에 남는 곳은 사람이 북적이던 관광지보다 이런 고요한 곳이었다. 그런 의미에서 토르투가베이의 아침은 내가 갈라파고스에서 발견한 최고의 보석이었다.

#06

내가 사랑했던 그녀,
이사벨라

이사벨라 섬 Isla Isabela, Galapagos

　자전거로 신나게 달리긴 했지만 이미 몸은 한차례 땀을 쏟아낸 후였다. 정오를 향해 가고 있는 태양의 기세는 해풍도 막아주지는 못했다. 해안선을 따라 달리다 보니 이내 파도소리도 들리지 않을 만큼 깊은 숲까지 들어왔다. 좌우에는 나무와 선인장들이 울창하게 솟아 마치 터널처럼 커다란 그늘막을 만들어놓았다. 그곳은 햇살의 피난처이자 바람의 통로였다. 가만히 서 있기만 해도 그 사이로 솔솔 지나가는 바람이 느껴질 정도로 온몸을 개운하게 하는 산소가 가득한 공간이었다.

　나뭇가지 사이로 새어 들어오는 햇살은 무대 위의 조명처럼 정교하게 터널의 구석구석을 비추었고 자전거의 속도가 빨라질수록 빠르게 반짝거렸다. 자연이 만들어놓은 신비한 공간은 놀이공원에서 열차를 타는 것처럼 사람을 동심의 세계로 빠져들게 했다. 정해진 형식도 없이 자유롭게 얽혀 있는 나뭇가지들의 묘한 매력에 흠뻑 빠져 있을 때쯤.

'끼익'

하마터면 자전거가 앞으로 고꾸라질 뻔했다. 깜짝 놀라 순식간에 정신이 동심에서 현실로 돌아왔다. 자전거를 멈춰 세운 정체불명의 물체는 당당하게 길 중앙에서 통행을 방해하고 있었다.

무슨 커다란 돌멩이인 줄 알았는데 다가가 보니 갈라파고스 거북이였다. 너무 미동이 없어서 죽은 줄 알고 가까이 얼굴을 들이밀었더니 다행히도 멀쩡하게 눈을 끔뻑거리고 있었다. 휴식 중이었는지 길가에 떡하니 엎드려 조금도 움직일 생각은 하지 않고 '쉭쉭'거리는 거친 숨소리로 나를 경계하고 있었다. 가만히 누워 입으로만 겁을 주는 녀석의 귀찮은 마음을 존중해주기 위해 살포시 옆으로 돌아 다시 자전거 페달을 밟았다.

'눈물의 벽'까지는 시내에서 왕복 12킬로미터 정도로 쉬지 않고 걸어도 3시간은 걸리는 거리였다. 자전거라서 조금 빨리 오기는 했지만 중간중간 오르막길이 나올 때면 허벅지가 터질 듯이 힘을 주어 발을 굴러야 했다. 울퉁불퉁한 자갈밭을 계속 오르내리다 보니 이젠 엉덩이에 감각도 사라져버렸다. 소나기를 맞은 것처럼 땀은 비 오듯이 쏟아졌지만, 입술은 태양에 바싹 마른 선인장처럼 타들어가고 있었다. 자신만만하게 들고 왔던 500밀리리터 물 한 통은 이미 거의 바닥을 드러내고 있었다.

시원하던 나무 그늘도 사라지고 땅은 점점 메말라갔다. 길은 뜨거운 태양에 타버린 숯처럼 하얗게 바뀌었고 나무의 잎사귀들도 앙상한 뼈처럼 되어 있었다. 왠지 곧 있으면 나도 저렇게 모든 수분이 증발해버릴 것만 같은 기분이었다. 일단은 목적지까지만 가보자는 생각으로 달리다 보니, 어느덧 이 길의 끝까지 도달했다. 드디어 '눈물의 벽'에 온 것이다.

흥분된 마음에 앙상한 나무들을 지나 단박에 눈물의 벽으로 직진했다. 아무것도 없는 숲속 한가운데는 거짓말처럼 돌탑이 서 있었다. 이걸 도대체 여기에 왜 세웠을까? 뭐 돌탑은 돌탑일 뿐이니깐. 나는 돌탑 뒤에 숨겨져 있을 어마어마한 풍경이 궁금했다. 그래서 표지판의 설명 따위는 가볍게 패스하고는 키의 서너 배쯤 되는 돌탑의 끝으로 향했다.

두근두근! 이 뒤엔 무엇이 있을까? 하나, 둘, 셋, 짠! 그런데 정말 믿을 수 없는 풍경이 펼쳐졌다.

'거짓말, 거짓말, 거짓말. 아니야 이럴 리가 없어.'

그 풍경을 보고는 다리에 힘이 풀려 털썩 주저앉아버렸다. 그곳에는 정말 아무것도 없었다. 보이는 것이라고는 내가 여기까지 오면서 질리도록 보았던 메마른 땅과 선인장이 전부였다. '눈물의 벽'은 이 검은 돌무더기가 전부였던 것이다. 내가 고작 이걸 보려고 이렇게 힘겹게 달려온 것인가. 공허하고 허무했다. 이 황량한 곳에 돌을 쌓아올린 과거 사람들의 눈물과는 다른 의미로 내 마음에도 눈물이 흐르고 있었다. 이래서 이름이 '눈물의 벽'일지도 모른다.

"우우 그대 말을 철석같이 믿었었는데~ … 나도 새하얗게 얼어버렸네~ … 거짓말~ 거짓말~" 홀로 앉아 '이적'의 노래를 들으며 남아 있던 물을 한꺼번에 들이켰다. 물 한 모금과 위로의 노랫말로 허전한 마음은 조금 채워진 기분이었지만 정신은 여전히 멍한 상태였다.

'여기가 그 언덕인가 보다.'

간신히 정신을 차리고 돌아가는 길에 자전거를 세운 곳은 또다른 팻말이 세워진 언덕 앞이었다. 흙으로 된 엉성한 계단을 조금 오르자 키보다 높았던 나무들이 모두 발밑에 펼쳐졌다. 바다에서 시작된 작은 바람은 넘실넘실 나무들을 넘으며 흘러

너의 삶도 조금은 특별해질 수 있어

와 이곳에서 거대한 나비효과로 나타났다. 바람은 온몸을 뒤덮을 정도로 거대했고 그중에서 특히 머리카락을 스쳐 귓바퀴를 돌아 빠져나가는 바람은 정말 아름다웠다.

뜨거움에 메말랐던 세포들이 다시금 하나하나 살아나는 느낌이었다.

더워서 뻘뻘 흘렸던 땀은 바람을 만나 얼음장처럼 차갑게 식어갔다. 등목을 한 것처럼 등줄기엔 서늘한 기운이 흘러내렸다. 그리고 코로 들이마시는 시원한 공기는 마치 얼음을 동동 띄워놓은 수박화채를 먹는 것처럼 청량했다. 물로도 해결되지 않았던 갈증이 한줌의 바람으로 한 번에 해소되어버렸다. 실제로 뭔가를 마신 것도 아닌데 목구멍까지 시원해지는 이 해방감은 어디서 오는 것일까?

아마도 지금의 이 해방감은 저기 저 푸른 바다에서부터 시작되었으리라. 섬 전체를 한눈에 품을 수 있는 언덕의 정상에서는 이사벨라의 푸른 바다가 아주 잘 보였다.

아름다운 바람을 맞고 있으니 돌무더기에서 만났던 노부부가 다시금 떠올랐다. 내가 허무함에 주저앉아 가슴으로 울고 있을 때, 백발이 성성한 할아버지는 할머니의 손을 꼭 잡고는 눈물의 벽으로 다가왔다. 그리고 할아버지는 나에게 한마디를 건넸다.

"돌아가다 보면 팻말이 하나 보일 거야. 높지 않은 언덕인데 그곳에는 꼭 한번 올라가보도록 하렴. 올라가는 길은 전혀 힘들지 않을 거란다. 왜냐하면 그곳에는 세상 어디에도 없는 아름다운 바람이 있거든. 잊지 말고 꼭 올라가야 한다! 알았지?"

이 바람을 만나지 못하고 돌아갔다면 얼마나 억울했을까.

세월에 켜켜이 쌓여 농축된 어른들의 말은 언제나 옳다. 할아버지의 말처럼 이사벨라에는 정말 아름다운 바람이 있었다. 그것은 세상 모든 이의 고민과 눈물을 말끔히 씻어주는 바람이었다.

모든 것을 순결하게 만드는 바람.
에콰도르에서 내가 사랑한 것은 바로 이 바람이었다.

07

넌 바다사자랑
수영해본 적 있니?

산크리스토발 섬 Isla San Cristobal, Galapagos

아주 어렸을 적부터 나는 많은 강아지, 고양이 친구들과 함께 자랐다. 그들과 나는 가족이었고 서로 사랑을 표현하고 나누는 법을 알았다. 이 친구들에 대한 나의 사랑은 일방통행이 아니었다. 동물들과 쉽게 교감하고 그들의 감정을 자연스럽게 느낀다는 것은 확실히 남들에게 없는 특별한 능력이었다. 그것은 온전히 본능적인 것이었다. 나의 표정이나 행동은 머리를 거치지 않고 자연스럽게 나오는 것이지 이론적으로 이해하고 실행하는 것이 아니었다.

그래서인지 신기하게도 동물들은 다른 사람들보다 나에게 조금 더 친숙하게 다가왔다. 지나가는 애완동물들뿐만 아니라 처음 보는 야생동물들까지도 나에게게만큼은 거리낌없이 다가왔다. 그들이 다가오거나 그들과 만나는 것이 나에게는 두렵거나 신기한 일이 아니라 당연하고 익숙한 일이었다.

그런 점에서 로베리아 해변은 동물들과 교감할 수 있는 최적의 장소였다. 갈라파고스에서는 바다사자가 동네 강아지보다 많을 정도로 자주 볼 수 있지만 바다사자들과 함께 뛰어놀기에는 로베리아가 최적의 장소였다.

그날은 바다사자를 보러 걸어가기에 좋은 날씨였다. 로베리아까지는 시내에서 약 3킬로미터. 물론 해가 가장 쨍쨍한 오후 1시에 거기까지 걸어가는 사람은 거의 없었지만, 그래도 산들산들 불어오는 바람 덕분에 걷는 게 한결 수월했다. 해변까지 시원하게 일자로 쭉 뻗은 아스팔트 도로의 끝에는 파란 바다가 손에 잡힐 듯 빼꼼히 보였다. 금방이라도 닿을 것 같은 바다 덕분에 가는 길이 평소보다 덜 힘든 기분이었다. 양옆의 푸르른 나무들은 풍경에 멋스러움을 더해주었고, 살랑살랑 피어오르는 아지랑이는 경치를 모네의 그림처럼 예술적으로 바꾸어놓았다.

너의 삶도 조금은 특별해질 수 있어

어느덧 아스팔트 길의 끝에 좁다란 오솔길 하나가 나타났다. 터벅터벅 걸어 들어가면 서서히 바다가 보이기 시작하면서 넓은 해변이 펼쳐진다. 로베리아 해변이었다. 모래가 발가락 사이로 푹푹 빠지는 감촉이 좋았다. 여느 해변처럼 부드럽고 고운 모래와는 다르게 입자가 굵고 약간은 까끌한 감촉의 모래였다. 거친 느낌이 조금 어색했지만 한편으로는 더 생명력이 느껴지는 것 같아 마음에 들었다. 왠지 바다에 더 가까운 촉감이었다.

제대로 된 선베드나 가림막 하나 없는 해변은 오히려 아무런 신경을 쓸 필요가 없어서 좋았다. 적당한 곳에 대충 짐을 내려놓고 바다로 들어가면 그만이었다.

그동안 만났던 대부분의 갈라파고스 동물들은 사람에 대한 경계심이 많았다. 나도 그 마음을 알았기 때문에 무리해서 먼저 다가가거나 관심을 표현하지는 않았다. 우리도 모르는 사람이 갑자기 말을 걸면 당황하듯이 동물들도 마찬가지니까. 상대가 불편을 느끼는데도 함부로 다가가는 것은 인간뿐만 아니라 동물에게도 예의가 아닌 것이었다. 하지만 로베리아 해변의 친구들은 마치 놀이동산에 온 것처럼 호기심과 흥이 많은 친구들이었다. 다른 지역의 바다사자들에 비해 사람들에 대한 경계심도

거의 없었다.

바다사자가 다가왔다는 건 '난 너와 친구가 되기로 했어'라는 의미이기도 했다. 우리는 서로가 일정한 거리를 두고 바라보아야 하는 어색한 사이가 아닌 이미 함께 놀 수 있는 친구였다. 나뿐만 아니라 이곳의 어느 누구도 '2m distance(2미터 거리유지)'라는 갈라파고스만의 문구를 신경 쓰는 사람은 없어 보였다. 그래서 로베리아에서는 오히려 바다사자와 멀찌감치 떨어져 있는 이들이 더 이상해 보일 정도였다.

그들은 친근한 표정으로 다가와 호기심 어린 눈빛을 발사하

너의 삶도 조금은 특별해질 수 있어

며 관심을 보였다. 괜히 볼 옆으로 다가와 냄새를 맡아보기도 했고, 카메라나 핀(오리발)을 코로 툭툭 건드리며 시선을 끌기도 했다. 어떤 친구들은 사진을 찍을 때마다 멋지게 포즈를 취해 주기도 했고, 모래사장에 누워 있으면 옆으로 다가와 함께 태닝을 즐기기도 했다.

한번은 장난감을 가지고 놀던 두 바다사자의 물건을 가로채보았다. 왕년의 농구실력을 발휘하여 입에 물려 있던 노끈 하나를 중간에서 '스틸'을 한 것이다. 그러자 바다사자는 정말 황당하다는 표정으로 나를 쳐다보았다. 그러고는 물건을 되찾기 위해 나를 따라오기 시작했다. 마치 장난감에 집착하는 강아지처럼 졸졸 따라와 손에 들려 있던 노끈을 덥석 물었다. 그런데 아직 새끼여서 그런지 힘은 전혀 없었다. 내가 움직일 때마다 노끈을 따라 계속 요리조리 끌려왔고, 노끈을 좌우로 흔들면 몸이 귀엽게 살랑살랑 흔들렸다.

"너 우리 집에 같이 갈래?"

그 모습이 얼마나 귀엽고 사랑스럽던지. 이 모습을 보고 어찌 사랑하지 않을 수 있단 말인가! 잠깐이지만 바다사자와 함께 비행기를 타고 한국으로 향하는 엉뚱한 상상을 해보았다.

바다사자 친구들과 노는 것은 계속 재밌고 항상 즐거웠다. 지루하거나 질리지도 않았다. 뜨거운 태양에 얼굴이 새까매지는 것도, 굶주림에 배가 꼬르륵거리는 것도, 그 외에 다른 어떤 불편함도 바다사자 앞에서는 모두 사라져버렸다. 텐트라도 있었으면 아마 옆에서 함께 잤을지도 모른다. 모두가 떠나야 하는 마지막 순간에는 저물어가는 해가 아쉬워 "24시간이 모자라~"를 외치며 바다사자들과 작별인사를 했다.

'이 지구상에 정말로 야생동물들과 함께 어울려서 놀 수 있는 곳이 있었다니…'

너의 삶도 조금은 특별해질 수 있어

지금도 꿈을 꾼 것처럼 기분이 얼떨떨하다. 상상 속에서만 존재할 것 같았던 세계가 실제로 갈라파고스에 존재하고 있었다. 로베리아 해변은 내가 상상하고 꿈꿔왔던 갈라파고스의 모습이 실현된 곳이었다. 이곳엔 확실히 다른 어떤 투어에서도 느낄 수 없는 색다른 무언가가 있었다.

그것은 다른 곳에서 채울 수 없었던 가슴으로 전해지는 행복의 감정이었다. 주로 이런 기분은 누군가와 함께하는 순간에 느껴지기 때문에 홀로 여행하는 나에게는 늘 부족한 것이었다. 하지만 이곳에서 행복을 느끼는 순간, 나의 갈라파고스 여행이 모두 완성된 느낌을 받았다. 내가 갈라파고스에서 찾고 있었던 퍼즐의 마지막 한 조각은 바로 이것이었다.

그래! 갈라파고스는 이런 곳이지!

여기에선 누구나 바다사자와 친구가 될 수 있다. 아마 50년이 지나서 내가 꼬부랑 할아버지가 되어도 이곳엔 나를 반겨주는 친구들이 있을 것 같다. 그리고 그때도 변함없이 함께 또 수영을 하며 행복함을 온몸으로 껴안을 수 있을 것 같다.

"넌 바다사자랑 같이 수영해본 적 있니?"

#08

여기도 내 즐겨찾기
목록에 저장!

갈라파고스 Galapagos

매일 아침저녁으로 마주치는 동네 사람들. 우리는 자연스럽게 인사를 한다. 손님 대하듯 반색을 하며 웃음을 지을 필요도 없고, 마지못해 일어나서 어색하게 반길 필요도 없다. 그냥 소파에 기대어 축 늘어진 채로 짧게 안부만 묻는다. 그리고 또 각자의 할 일을 한다.

어느덧 여행자가 아닌 갈라파고스에 거주하는 동네 주민이라도 된 듯하다. 이제 마을의 길은 눈 감고도 갈 수 있을 정도가 되었고, 어디에 무엇이 있는지 훤히 꿰뚫고 있어서 헤맬 일도 없었다. 동네의 저렴한 상점이나 맛있는 가게는 기본이고, 나만 아는 특이한 물건이 있는 곳이나 남들은 모르는 특별한 장소

너의 삶도 조금은 특별해질 수 있어

도 모두 머리에 들어 있다.

늦잠을 자고 일어난 아침이면 대충 세면을 마치고 각종 전자 장비와 카메라를 챙겨 집을 나선다. 간편한 차림에 슬리퍼를 질질 끌고 제일 먼저 들르는 곳은 자칭 '갈라파고스에서 가장 맛있는 빵집'이다. 우리의 입맛에는 영 맞지 않는 남미의 빵들이었지만 이곳의 빵만큼은 저절로 손이 가는 '빵 맛집'이었다. 서너 개의 빵을 봉지에 담아 가방에 넣고는 그대로 20분 정도를 땡볕 아래서 걷기 시작한다.

시내의 중심가에서 벗어나 한적한 길목에 자리 잡은 카페는 비교적 큰 규모와 깨끗한 시설에도 불구하고 언제나 한적했다. 마당에는 큰 나무 두 그루가 언제나 태양을 피할 수 있는 그늘을 만들어주었고, 주변으로는 알록달록한 꽃들과 떨어져 내린 나뭇잎들이 운치 있게 깔려 있었다. 매장 내에는 시원한 에어컨과 함께 감성을 자극하는 음악이 흘러나왔고, 커피콩을 볶는 구수한 향이 가끔씩 코끝을 자극했다.

카페에 도착하면 습관처럼 스무디 한 잔을 주문한다. 그러면 다른 이야기를 하지 않아도 사장님은 언제나처럼 알아서 맛있게 스무디를 만들기 시작한다. 두 손으로 다 잡히지도 않는 커다란 스무디를 빈속에 그대로 쭉 들이켜면 과일의 새콤함과 얼음의 청량함이 날카롭게 뇌를 두드리며 '여기서 글을 쓰고 싶다'는 욕구를 마구 샘솟게 한다. 어느 정도 목구멍이 촉촉해지면 그때 빵 봉지를 열어 고소하고 따끈한 빵을 한입 베어 문다. 그렇게 스무디 한 잔과 빵 몇 개만 있으면 온전한 나만의 시간을 가질 수 있다. 하루 반나절 정도는 그렇게 이곳에서 지낸다.

혼자 여행을 떠난다고 하더라도 본인이 스스로에게 시간을 내어주지 않으면 '혼자만의 시간'을 갖는 것이 쉽지가 않다. 어딜 가나 사람들로 붐비기 때문에 온전히 혼자일 수 있는 시간은 생각보다 많지 않다. 그래서 언젠가부터 나 자신에게 집중하지 않으면 하루 종일 '내가 없는 여행'을 한 것 같은 기분이 들기도 했다. 이런 시간과 공간들은 소중하고 특별해서 나는 '아지트'라는 이름을 붙여 의도적으로 곳곳에 나만의 비밀공간을 만들어놓았다.

어린 시절을 떠올리면 그 시절 우리에겐 각자 저마다의 아지트가 있었다. 우리는 아지트에서 친구들과 함께 비밀 이야기를 나누기도 했고 어른들은 모르는 일탈을 꿈꾸기도 했다. 어떤 곳은 여자친구와의 추억이 고스란히 담겨 있기도 했고, 또 어떤 곳은 아무도 모르는 혼자만의 은신처가 되기도 했다. 아지트는 언제나 내 집처럼 아늑하고 편안했다. 그곳은 누구의 방해도 받지 않고 편히 쉴 수 있는 그런 장소였다.

그래서 나에게 아지트는 추억 그 자체였다.

'아지트가 없다'는 건 '추억이 없다'는 것과 같은 의미였다.

여행을 하다 보면 관점이 변화되는 순간이 있다. 내가 생활하는 공간이 익숙해지고 마음이 편안해지면, 내가 바라보는 관점은 1인칭 주인공 시점에서 3인칭 관찰자 시점으로 변하게 된다. 내가 원하는 것 위주로 보고 느끼던 좁은 시야에서 벗어나 그동안 보이지 않았던 것들이 점점 보이게 된다. 그것은 온전히 '나' 중심이던 여행에서 한발 뒤로 물러나 '거주자'처럼 여행을 바라보도록 만든다.

그런 순간이 오면 나만의 아지트가 생긴다는 것이 꽤나 의미 있게 다가온다. 그것은 내 여행을 조금 더 특별하게 만들어주는 일이었다. 마치 《어린왕자》의 여우처럼 점점 익숙해지는 공간 속에서 무언가가 내게 특별한 존재가 되는 것이다.

매일 특별한 곳을 찾아다니는 여행도 좋지만, 나만의 특별한 공간을 한번 가져보는 것도 좋다. 무언가에 쫓기듯 급하게 다니지만 말고, 어딘가 한 곳에 편하게 머물러보는 시간도 필요하다. 그곳이 어디든 장소는 그리 중요하지 않다. 내 마음이 가는 곳이라면 어디든 특별해질 수 있다.

내가 무엇을 특별하게 여기는 순간, 그 무언가도 나만을 위한 특별한 존재가 되어주니까.

전 세계 어딘가에 나만의 아지트가 있다는 것은 꽤 두근거리는 일이다. 그곳을 상상하는 것만으로도 그때의 추억이 떠오르며 가슴이 설레기도 하고, 한편으로는 오래된 친구를 둔 것처럼 마음 한구석이 든든해지기도 한다. 함께 추억을 공유하는 언제 만나도 어색하지 않은 친구 같은 기분이다.

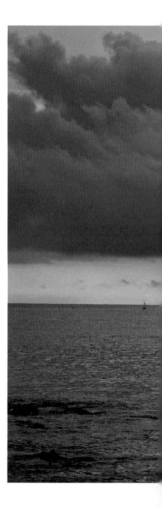

각 나라마다 도시마다 나에겐 그동안 우정을 쌓아온 아지트들이 있다. 지금도 누군가는 대수롭지 않게 지나칠 공간들이겠지만 내 가슴속에서만큼은 언제나 '즐겨찾기'에 추가되어 있는 곳들이다. 내 취향이 반영된 지극히 주관적인 나만의 즐겨찾기 목록! 차곡차곡 하나씩 아지트를 나만의 목록에 추가하는 일은 여행자가 아닌 거주자의 마음으로 머물 때만이 가질 수 있는 소소한 즐거움이다.

내 즐겨찾기를 이미 가득 채운 아지트 목록들…

당신의 즐겨찾기에는 몇 개의 아지트가 저장되어 있나요?

하루는 생선이 없어 발길을 돌리려는 찰나, 한 아주머니가 다가와 나의 팔을 잡았다. 그러더니 필요한 것을 묻고는 급하게 휘파람을 불어 누군가를 찾기 시작했다. 멀리서 한걸음에 달려온 아저씨는 아주머니와 진지한 표정으로 회의를 마치고는 고개를 끄덕이며 비장하게 배 위로 올라갔다. 잠시 후, 1미터도 넘는 참치 한 마리가 선반 위로 던져졌다. 어느새 아주머니는 고무장갑을 끼고 한 손에는 거대한 식칼을 들고 서 있었다.

"얼마나 필요하니?"

"평소처럼… 1킬로그램 정도?"

"뭐 1킬로그램? 그럼 안 팔아!"

"얼마면 돼? 얼마면 되겠니!"

참치를 도로 집어넣으려는 아주머니의 팔을 이번에는 내가 붙잡았다. 결국 흥정을 하다가 예정에도 없었던 참치를 4킬로그램이나 사버렸다. 그래도 가장 맛있는 뱃살로만 샀으니 나쁘지 않은 거래였다.

이것으로 오늘까지 벌써 세 번째 참치사냥! 어려서부터 자취를 해서 요리를 자주 해보긴 했지만, 이렇게 생물을 직접 다뤄본 경험이 많지는 않았다. 그런데 갈라파고스에 머물다 보니 이제 참치 정도는 가볍게 손질할 수 있을 정도가 되었다. 다른 어종들에 비하면 참치는 초급 수준이다.

「일단 참치 껍질을 최대한 얇게 제거한다. 중앙의 몸통뼈에 칼집을 넣어 정확하게 네 등분으로 나눈다. 잔가시와 불순물들을 제거해 먹기 좋게 살코기만 추린다. 이제 키친타올로 핏물을 제거하며 냉장고에서 참치를 숙성시킨다. 키친타올을 교체하며 핏물제거 작업을 반복한다.」

이렇게 시원하게 숙성된 참치를 입에 가득 찰 정도로 두툼하게 썰어서 맥주와 함께 곁들이면, 캬! 세상 어디에도 없는 감동의 맛이다! 한국에서 질리도록 먹었던 냉동참치가 아닌 살살 녹아내리는 최고의 '생 참치회'는 다른 곳에서는 누릴 수 없는 갈라파고스만의 축복이다.

꼭 참치가 아니어도 좋다. 어떤 물고기든 어떤 해산물이든 갈라파고스의 바다에서 갓 잡아 올린 녀석들이라면, 맛은 내가 모두 보장한다. 갈라파고스가 물가는 비싸도 수산물만큼은 확실히 저렴하다. 그러니 여기서만큼은 퍽퍽하고 비싼 스테이크나 치킨은 잠시 접어두고 수산물에 도전해보도록 하자. 아, 수산물이 참 좋은데… 설명할 방법이 없네.

갈라파고스에 간다면 수산시장에 꼭 들러볼 것! 그리고 반드시 신선한 수산물을 먹어볼 것!

'그나저나 나 이 정도면 횟집 차려도 되겠는데?'

푸른발부비새

　바다처럼 영롱한 발을 가진 푸른발부비새는 전혀 기대하지 않았던 갈라파고스의 선물이었다.

갈라파고스거북

　어딜 가나 기본 100살은 넘는 갈라파고스거북이들은 세월만큼이나 덩치도 엄청났다.

아기바다사자

　보기만해도 아빠미소가 절로
나오는 귀여움에 길가다가도 넋
놓고 그 모습을 쳐다보게 된다.

바다사자들

　호기심 많은 바다사자 친구들은 사진을 찍을 때
면 옆에서 포즈도 곧잘 취해준다.

02 페루

Peru

나도 처음 살아보는 30대,
그리고
나의 첫 남미여행.
나는 아직도
모든 것이 새롭다

때로는 본능이 이성보다 더 정확할 때가 있다.
가끔은 그냥 머리에 떠오르는 것을 무작정 해보는 것이 좋다.
오래 생각한다고 그것이 반드시 옳은 결정이라는 보장은 없다.

과거의 많은 경험도 결코 현재의 정답은 아니다.
세월이 흐르며 비슷한 일들에 조금 익숙해질 뿐,
내가 맞이하는 것들은 늘 내 인생에서 새로운 것들이었다.

나의 여행은 언제나 매일이 '오늘부터 1일'이었다.

#09

33시간의 버스여행을 보상해준 싸구려 햄버거

페루 국경 from Guayaquil to Huaraz

　손님들을 위아래로 가득 채운 2층 버스가 어두운 밤길을 끊임없이 달린다. 어둠을 밝히는 것은 버스의 헤드라이트와 조그만 텔레비전에서 나오는 오래된 영화가 전부였다. 대부분의 사람들은 좁은 의자에 몸을 구겨넣고 잠을 청하거나 비스듬히 기대어 멍하니 텔레비전을 바라보고 있었다. 그리고 이따금씩 작은 불빛에 의지해 좁은 통로를 왔다 갔다 하는 사람이 몇 명 있을 뿐이었다.

　얼마나 달렸을까. 군대의 기상나팔처럼 환한 불빛이 순식간에 사람들을 잠에서 깨웠다. 어느덧 에콰도르와 페루 사이의 국경에 도달한 것이었다. 승객들은 좀비처럼 하나둘씩 버스에

서 내려 일제히 앞사람을 따라 줄을 섰다. 새벽 2시인데도 끝이 보이지 않을 정도로 많은 인파가 출입국 심사를 받기 위해 모여 있었고, 그래서인지 새벽인데도 쌀쌀하기는커녕 사람들의 체온으로 주변엔 후끈한 열기가 가득했다. 흡사 유명 아이돌 콘서트에라도 온 것 같은 모습이었다.

좀처럼 줄어들지 않는 대기선에 서 있다가 땀을 뻘뻘 흘리며 축축한 손으로 건넨 여권에는 5초 만에 '쾅' 하고 도장이 찍혔다. 공항과 달리 보안 검색대도 없이 바로 옆에서 입국도장을 찍으니 모든 게 끝, 다 합쳐서 1분도 안 되는 시간이었다. 아, 이렇게 쉬운 것을 2시간이나 기다리다니.

승객들이 전부 심사를 마친 것을 확인하고서야 버스의 문은 다시 열렸고, 모두는 각자 자신의 위치로 돌아가 피곤한 몸을 의자에 기대었다. 버스가 출발하자 방금 전까지도 잘 되던 인터넷이 완전 먹통이 되었다. 불빛 하나 없는 어둠을 달리고 있지만 인터넷이 안 되는 것을 보니 완벽하게 페루로 넘어온 것 같았다. 흔들리는 버스에서 인터넷도 안 되면 할 수 있는 것이라고는 눈을 감는 것뿐. 페루에 도착하면 제일 먼저 유심칩을 사야겠다고 생각하며 스르르 또 잠에 빠져들었다.

해가 뜨고도 한참을 지난 것 같다. 도로 위 건물에 드리우는 그림자의 길이를 보니 정오쯤 되는 것 같았다. 그 후로도 버스는 몇 시간을 더 달려서 목적지인 치클라요에 도착했다. 버스에 탄 지 17시간 만이었다. 페루에서의 첫 번째 행선지는 와라즈. 하지만 안타깝게도 와라즈로 바로 가는 것은 없었고, 대신 매표원은 여기서 4시간 떨어진 트루히요로 가면 표가 있을 것이라고 알려주었다. 2시간 뒤에 출발하는 트루히요행 버스표를 구매한 뒤 짐을 맡기고는 잠시 시내로 나왔다.

주어진 잠깐의 시간 동안 나에겐 해결해야 할 중요한 미션이 하나 생겼다. 그것은 유심칩도, 먹을 것도 아닌 바로 환전! 버스표는 일단 카드로 결제할 수 있었지만 당장 수중에 페루 돈이 하나도 없어서 환전이 시급했다.

페루의 첫 인상은 에콰도르와 크게 다르지 않았다. 터미널 앞 사거리의 왕복 4차선 도로는 에콰도르에서 보았던 풍경과 흡사했다. 에콰도르보다 약간 덜 발달된 모습이었지만 건물이나 거리의 느낌은 비슷했다. 하지만 날씨 때문인지 디자인 때문인지 훨씬 더 선명하고 또렷한 색감이 눈에 띄었다. 눈에 필터를 끼운 것처럼 한층 밝은 색깔이었다. 게다가 사람들의 의상도 형형색색. 전통의상처럼 보이는 오색찬란 화려한 무늬의 옷과 머리에는 주렁주렁 무거워 보이는 장신구, 거기에 높이 솟은 모자까지. 이렇게 해가 쨍쨍한 날에도 저런 거추장스러워 보이는 옷차림으로 다닌다는 것이 신기할 따름이었다.

'날씨도 더운데 한잔 해야지! 이젠 돈도 두둑하잖아?'

동네를 몇 바퀴를 돌아 무사히 환전을 마쳤고, 돈이 생기자 가장 먼저 한 일은 시원한 슬러시 한 잔을 마시는 것이었다. 정열적인 남미의 날씨 탓인지 이젠 길거리에서 음료를 사먹는 것이 습관처럼 되어버렸다. 싼 가격에 어디에서든 사먹을 수 있는 음료들은 남미에서 요긴한 주전부리였다.

아직 갈라파고스의 물가에 길들여져 있어서 그런지 한 컵에

2솔(약 700원)이라는 슬러시가 엄청 싸게 느껴졌다. 가장 식욕을 자극하는 붉은 슬러시는 산딸기나 블랙베리와 흡사한 '모라'라는 과일로 만든 것으로, 우리에겐 생소하지만 남미에서는 흔히 볼 수 있는 과일이었다. 원래 그런 종류의 과일을 좋아하기도 했지만 역시 선택은 탁월했다.

아, 환상적인 모라 슬러시의 맛! 이 한 잔에 여행의 피로가 싹 날아가는 기분이었다.

트루히요에 도착한 것은 예상보다 한 시간 늦은 저녁 9시쯤이었다. 버스에서 내리자마자 주변을 둘러보았는데 무슨 동네 뒷골목의 공장에 온 분위기였다. 도저히 버스표를 살 만한 곳이 보이지 않아 다급한 마음에 보이는 사람을 아무나 붙잡고 구걸하듯이 물어보았다. 다행히 멀지 않은 곳에 있는 종합터미널로 가면 표를 구할 수 있다는 말에 발길을 재촉했다. 이미 너무 늦은 시간이라 표가 남아 있을지는 의문이었지만 밑져야 본전이라는 생각으로 곧장 택시부터 잡았다.

20분 만에 도착한 종합터미널은 커다란 야구장처럼 밤인데도 불빛이 번쩍이고 있었다. 천장이 높고 구조가 단순해서 입구에 도착하자마자 쉽게 버스표 파는 곳을 찾을 수 있었다. 천만다행이었다. 조금이라도 늦었으면 버스표를 못 구했을 텐데,

밤 10시에 출발하는 마지막 버스가 아직 남아 있었다. 앞으로 8시간만 더 타면 이 고생도 끝이다! 표를 끊고 난 뒤의 안도감 때문인지 갑자기 허기가 느껴지며 무섭도록 배가 고파지기 시작했다. 그도 그럴 것이 처음 버스가 출발한 지 꼬박 하루가 지나도록 변변한 식사 한 끼 하지 못한 상태였기 때문이다.

킁킁, 그런데 이건 무슨 냄새지? 본능이 이끄는 대로 냄새를 따라가 보니 터미널 중앙에서는 뜨거운 철판 위에서 한창 고기를 굽는 중이었다. 고소하게 익어가는 고기의 그을음 냄새가 쉴 새 없이 위장을 두드렸다. 그 음식의 정체는 다름 아닌 햄버거였다.

'아 따듯한 국물이 먹고 싶었는데, 햄버거라니….'

사실 나는 인스턴트 음식을 그리 좋아하지도 않았고, 특히 햄버거는 맛있다고 생각해본 적도 별로 없었다. 하지만 지금은 뭐라도 채워넣어야 했다. 그러지 않으면 또 얼마나 오랜 시간을 굶어야 할지 모르니까. 햄버거 이외에 다른 선택권은 없었기에 쭈뼛쭈뼛 주머니에서 7솔을 꺼내어 아주머니에게 건네주었다. 새로운 고기패티 하나가 철판 위에서 '치지직'거리며 한 움큼의 달콤한 연기를 피워냈다. 그리고 바로 옆에선 버터를 바른 빵이 노릇하게 구워졌고 그 위로 양배추가 가득 올라갔다. 그러는 사이에 완벽하게 구워진 패티가 소스와 함께 더해지면서 나의 햄버거는 완성되었다.

"이렇게 또 원치 않는 햄버거를 먹게 되는구나."

약간의 한숨 섞인 혼잣말을 지껄이면서 햄버거를 입으로 밀어넣었다. 그런데, 우와!

"대박! 뭐야 이거! 말도 안 돼!!"

나도 모르게 탄성이 흘러나왔다. 너무 배가 고파서 내 혓바닥이 이상해진 것 같았다. 분명히 이럴 리가 없는데… 입 속에 있는 햄버거를 다 삼키기도 전에 한입을 크게 또 베어 물었다. 그런데 이건 내 미각의 문제가 아니라 분명하고 정확히 내가 아는 맛있는 그 맛이었다. 아니, 햄버거가 이렇게 맛있을 수 있다니! 고작 햄버거 따위가!

햄버거는 다 비슷한 줄 알았는데, 이건 전혀 새로운 맛이었다. 너무 맛있어서 조금 억울하기까지 했다. 그동안 비싸고 좋은 재료가 든 햄버거도 별로라며 한사코 거부해왔는데, 고작 양배추와 고기가 전부인 이 단순한 싸구려 햄버거에 내가 감동을 받다니. 이건 뭔가 말도 안 된다는 생각이 들었다. 하지만 아무리 부정하려고 해도 햄버거는 너무 꿀맛이었다. 확실히 35년 인생을 통틀어서 세 손가락 안에 꼽히는 맛이었다. 맛도 맛이었지만 한국의 유명 수제버거를 먹는 것보다 싸구려 햄버거라도 이렇게 추리닝 입고 터미널에 앉아 먹는 지금이 왠지 더 행복한 기분이었다.

33시간의 버스 이동도 처음이었고 햄버거를 이렇게 맛깔스럽게 먹어본 것도 난생처음이었다. 세상에는 아직도 '난생처음'이라고 할 것들이 너무도 많다. 이 나이에 웬만큼 할 만한 건 다 해봤다고 생각했는데 아직도 나에겐 새로운 것들이 매일 생겨난다.

생각해보면 아무리 많은 경험을 했어도 내가 맞이하는 것들은 내 인생에서 늘 새로운 것이었다. 아니, 새로울 수밖에 없는 것이 인생이었다. 다만 세월이 흐르며 겪어가는 비슷한 일들에 조금 익숙해질 뿐이었다. 나이를 먹어갈수록 조금이나마 예측 가능한 일들일 뿐이었지, 모든 것은 언제나 처음이고 새로웠다.

한국에서 입에도 안 대던 햄버거를 미국도 아니고 낯선 페루 터미널에서 이렇게 맛있게 먹을 줄 누가 알았겠는가? 버스에서의 지루하고 기나긴 33시간의 고생이 시원한 슬러시 한 잔과 감동의 햄버거 하나로 모두 사라져버렸다.

아직도 새로운 것을 새롭게 느낄 수 있음에 감사하다는 생각이 들었다. 잊고 살았던, 그리고 늘 당연하게 여겨왔던 것들이 새롭게 다가오는 순간, 마치 나도 새롭게 태어나는 것 같은 기분이 든다. 앞으로 또 어떤 새로운 일들이 벌어질지 모른다는 기대감은 나를 즐겁게 해줄 뿐만 아니라 나를 건강하게 성장시켜주는 것 같다.

그래서 언제나 지금처럼 나의 기대가 내가 맞이하게 될 현실보다 딱 반 발짝만 앞섰으면 좋겠다는 생각이 들었다. 이 페루에서, 이번 여행에서, 그리고 앞으로의 무언가에서도. 그렇게 걸어가다 보면 매 순간의 한 발자국들이 모여 점점 스스로에게 후회 없는 모습에 가까워질 것 같다.

파라마운트의 바위산에 오르니 마치 구름을 탄 산신령이 된 기분이었다. 깎아질 듯이 가파른 산을 오른 노력이 무색할 만큼 그날의 날씨는 최악이었다. 더 멋진 모습을 보려고 올라갔는데 보이는 것이 안개뿐이라니.

무언가 더 잘해보려고 시도한 일들에서 우리는 가끔 실패를 경험하기도 한다.

하지만 당장의 좌절에 크게 슬퍼할 필요는 없었다. 산에서 오랜 시간을 기다리고 기다려도 보지 못했던 호수였지만 내려와서는 거짓말처럼 깨끗하게 볼 수 있었기 때문에. 시간이 지나자 어두컴컴한 안개는 모두 걷히고, 주름 하나 없이 깨끗한 에메랄드빛 파론 호수가 눈앞에 나타났다.

당장의 실패가 결코 영원한 실패는 아니다.
잠깐 타이밍이 안 좋았던 것일 뿐이다.
안개처럼 한 치 앞도 보이지 않는 불확실한 현재도
결국엔 파론 호수처럼 찬란하게 반짝이는 순간이 올 테니까.

10

당신의 그런 관심은 좀 불편합니다

이키토스 Iquitos

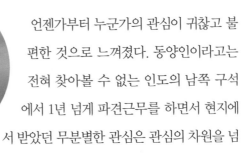

언젠가부터 누군가의 관심이 귀찮고 불편한 것으로 느껴졌다. 동양인이라고는 전혀 찾아볼 수 없는 인도의 남쪽 구석에서 1년 넘게 파견근무를 하면서 현지에서 받았던 무분별한 관심은 관심의 차원을 넘어선 무례함이었다. 거리를 걸을 때면 난 언제나 동물원의 원숭이가 된 기분이었다. 하루에도 수백 개의 시선들이 송곳처럼 날카롭게 날아와 온몸에 꽂혔다. 인도인들이 던지는 한 마디의 농담도 일주일이면 그런 말들을 수십 번씩 듣는 나에게는 가볍게 들리지만은 않았다. 게다가 말도 없이 머리를 쓰다듬거나 피부를 만지고 지나가는 일이 반복될수록 나는 웃음을 잃고 점점 신경질적으로 반응하게 되었다.

물론 악의를 가지고 그런 것이 아니란 것을 알고 있었다. 하지만 아무리 좋은 의도로 하는 선의의 행동도 그것이 수백 번씩 반복되면 받아들이는 사람은 그것을 결코 선의로만 바라볼 수는 없게 된다. 그래서 나에게 관심은 스트레스와 같은 의미였다. 누군가 먼저 관심을 보이면 나는 자연스럽게 방어적으로 행동했다.

이키토스는 마치 베트남의 하노이나 태국의 방콕에 와 있는 듯한 풍경이었다. 거리에는 오토바이와 트라이시클이 가득했고, 가만히 있어도 땀이 주르륵 흐르는 습하고 더운 날씨까지 동남아와 닮아 있었다. 오들오들 떨었던 와라즈나 청명하고 맑은 리마와 같은 나라라는 것이 믿기지 않을 정도로 다른 모습이었다. 그리고 관광객이 많이 찾는 유명한 도시는 아니어서 외국인은 거의 없었다. 마치 남인도 그 시절처럼 동양인은 아무도 없었고, 어딜 가나 사람들의 이목이 집중되었다.

그래서일까? 남인도에서의 불편했던 시간들이 오버랩되기 시작했다. 현금인출을 위해 찾은 은행에서는 월급을 기다리던 수십 명의 현지인들이 나를 쳐다보았고, 거리에서는 알 수 없는 호객꾼과 노숙자가 말을 걸어왔다. 날씨도 더운데 달라붙는 사람들이 점점 불편해지기 시작했다.

어느 날 아침을 먹기 위해 찾아간 재래시장도 크게 다르지 않았다. 어떤 음식을 파는지 몰라서 시장을 기웃거리는데 아주머니들이 야단치듯 큰 소리로 나에게 말을 걸어왔다. 엉겁결에 시장 구석의 기다랗고 투박한 나무의자에 앉아 아주머니가 떠주는 수프를 건네 받았다. 그런데 국물을 한 수저 떠먹는 순간, 할머니께서 끓여주시던 삼계탕과 비슷한 맛에 나도 모르게 한 그릇을 뚝딱 해치웠다. 그런 모습이 대견스러웠는지 아주머니는 또다시 큰 소리로 더 먹으라며 소리쳤다. 따뜻한 국물에 긴장이 풀려서였을까, 처음에는 무섭게만 들렸던 그 말투가 왠지 명절마다 내 걱정을 하는 할머니의 잔소리처럼 들렸다.

시장 곳곳에서는 이와 비슷한 할머니의 체취 같은 마음들이 느껴졌다. 달콤한 과일주스 한 잔을 깨끗이 비우고 유리잔을 돌려드렸는데, 아주머니는 잔을 받는 대신 다시 주스를 가득 담아주었다. 그냥 더 먹으라고 웃으면서 말씀하셨다. 다른 가게에선 없는 음식도 즉석에서 만들어주는 놀라운 일도 벌어졌다. 매진된 크로켓을 아쉬워하며 돌아서는데 아주머니는 내 얼굴을 한번 보더니, 이미 만들어진 다른 음식들에서 재료를 모아

너의 삶도 조금은 특별해질 수 있어

새로운 크로켓을 만들어주셨다. 먹고 싶다고 말만 하면 뭐든 뚝딱뚝딱 만들어주시는 우리 할머니처럼 말이다.

처음에는 불편하고 어색했던 관심과 친절이 점점 따뜻하게 느껴졌다. 그것은 분명 이방인에 대한 차별된 대우였지만, 그들이 전해준 따스함은 단순히 음식을 조금 더 주었다는 차별 대우에서 비롯된 것은 아니었다.

하루는 한식이 너무 먹고 싶은 날이 있었다. 주방시설은커녕 뜨거운 물도 제공되지 않는 숙소에서 전전긍긍하다가 결국에는 이전에 저녁식사를 했던 식당까지 가게 되었다. 물론 굉장히 염치가 없는 짓이었지만, 혹시나 하는 마음에 뜨거운 물이라도 좀 얻을 수 있을까 해서 찾아간 것이었다. 그런데 주인아저씨는 내 얼굴을 보자마자 들어오라며 반겨주시더니 주방까지 내주며 라면 끓이는 것을 도와주었다. 그것도 아저씨 혼자가 아니라 그 식당에서 식사하던 모든 주민들과 주방의 요리사들까지 전부가.

고마우면서도 너무 민폐를 끼친 것 같아 죄송한 마음에 라면을 먹자마자 숙소로 돌아와 한국에서부터 가져온 전통 엽서와 지갑을 선물로 내밀었다. 그랬더니 그 작은 선물에도 어린아이처럼 기뻐하시며 문 앞까지 나와서 손을 흔들며 배웅해주셨다.

나에게 관심은 언제나 스트레스이기만 했는데, 그것이 따뜻한 정으로 느껴지다니. 누군가의 관심이 아직 완전히 좋아진 것은 아니지만 적어도 이제는 스스로가 그것을 바꾸어 받아들일 수 있는 여유가 생겼다. 그렇게 남미에서 나는 한층 성숙해져가고 있었다. 여행이 큰 깨우침을 준 것은 아니지만 내 생각이 조금씩 변하고 있음을 스스로 느끼는 중이었다.

이키토스에서 물론 좋은 일만 있었던 것은 아니었지만 그런 것들은 기억도 안 날 만큼 희미해졌다. 겨울에 내리는 하얀 눈처럼 이키토스엔 어두웠던 기억들을 모두 덮어주는 순수한 사람들이 있었기 때문에. 눈 아래서 과거는 모두 사라져버리고 새하얀 풍경만 남듯이 머릿속에 다른 기억들은 사라지고 아름다운 추억만 남았다. 내가 지금도 이키토스를 따뜻하게 기억하는 이유는 이 때문이다.

나에게 누군가의 관심이라는 것이
이제 더 이상 불편하지만은 않았다.

#11

나는 나를
얼마나 알고 있을까?

아마존 Amazon

드디어 아마존 강의 끝자락에 도착했다. 비록 눈 앞에 보이는 강이 아마존이라는 거대한 자연의 아주 조그만 일부이겠지만, 처음 마주한 아마존 앞에서는 나도 모르게 저절로 경외심이 들었다. 아마 지구의 허파로서 묵묵히 자리를 지켜왔다는 감사함과 그동안 인류가 저질러온 잘못들에 대한 미안함이 동시에 들어서였던 것 같다.

아마존 강은 마치 캄보디아의 똘레삽 호수처럼 밑바닥이 전혀 보이지 않는 흙탕물이었다. 만약에 내가 서울에서 한강만 보고 살아왔더라면 이런 곳에 생물이 살 수 있을까라는 의심이 들었을 정도였다. 큰 강줄기를 몇 시간이나 달려도 아마존 강은 변함없이 비포장도로 같은 흙색이었다. 강을 따라서 양옆으로 빼곡하게 박혀 있는 나무들은 강의 폭이 좁아질수록 서서히 자라났다. 작은 묘목들은 금새 키보다 10배는 넘게 훌쩍 커지면서 마치 이상한 나라의 앨리스처럼 내 몸이 작아지는 듯한 착각을 불러일으켰다.

아마존은 평소에 상상할 수 없었던 야생의 동물들을 만날 수 있는 곳이었다. 그것은 마치 어릴 적 동물원에 처음 간 그날의 기억과 흡사했다. 제일 처음으로 입에서 탄성이 터져 나왔던 순간은 아마존 강 위로 살짝 드러난 돌고래의 등을 본 순간이었다. 바다가 아닌 강에 돌고래가 산다는 것은 내게 사자가 알을 낳는다는 것만큼이나 신선한 충격이었다. 게다가 평소에 알던 고래가 아닌 '핑크돌핀'이라고 불리는 분홍색의 피부를 가진

돌고래였다. 핑크돌핀은 천부적인 밀당의 귀재였다. 강 이곳저곳에서 살짝살짝 등만 보여주면서 나의 애간장을 녹였다. 두리번거리다 핑크돌핀을 발견하고 카메라를 들이댈 때면 이미 수면 아래로 자취를 감추어버렸다. 결국 마지막까지도 변변한 사진 한 장 건지지 못한 채로 발길을 돌려야 했지만, 등을 잠깐 본 것만으로도 흥분된 순간이었다.

　그 외에도 태어나서 처음 본 나무늘보는 실제로도 누군가 마법을 걸어놓은 것처럼 아주 느릿느릿 천천히 움직였다. 얼마나 느린지 나무의 열매도 제대로 먹지 못해 강물에 빠트리기 일쑤였다. 또한 엄청난 점프력으로 나무 사이를 뛰어다니는 원숭이들, 정글을 다 울릴 만큼 큰 목소리를 가진 야생 앵무새, 요정처럼 빠르고 우아하게 날던 킹피셔(물총새)도 있었다. 강에서는 이빨이 무시무시한 피라냐를 한 마리 건져 올리기도 했고, 밤이면 눈이 반짝반짝 빛나는 새끼 악어를 덥석 잡아보기도 했다. 손바닥만 한 타란튤라나 개구리, 다양한 곤충들은 덤으로 숙소 주변을 맴돌았다.

아마존은 확실히 도시와는 차별된 신기한 곳이었다. 하지만 안타깝게도 이런 동물들을 만나는 것은 하루에 고작해야 10~15분 남짓이었고, 그 외의 시간은 지루한 기다림의 연속이었다. 하루 일과 중 대부분의 시간은 좁은 보트 위에 앉아 정글을 둘러보는 것이었는데, 뜨거운 햇살 아래 하루에 네다섯 시간씩 가만히 앉아 있는 것은 결코 쉬운 일이 아니었다. 게다가 정글은 갈라파고스처럼 동물을 쉽게 볼 수 있는 곳도 아니었다. 대부분의 야생동물들은 울창한 숲이나 컴컴한 강물 속에 있었기 때문에 우리 같은 도시인의 눈으로 찾기는 거의 불가능했다. 자기만 믿으라던 현지인 가이드도 크게 도움이 되지는 않았다. 내가 아마존에서 만났던 다른 보트의 열정적인 가이드들과는 달리, 우리 가이드가 계속 꾸벅꾸벅 졸았다고 느낀 것은 기분 탓이었을까?

나름대로 살면서 오지를 많이 다녔다고 생각했는데 그동안의 오지는 전부 예행연습처럼 느껴졌다. 아마존이 그동안 여행했던 다른 도시들보다 더 야생스럽다는 점도 있었지만, 4일이라는 긴 시간을 그곳의 주민들처럼 살아야 한다는 점은 오지에서의 고충을 더욱 가중시켰다. 늘 아무렇지 않게 사용하던 전기가 갑자기 없다는 것은 식탁에서 소금이 사라지는 것만큼이나 어색하고 심심한 일이었다. 인터넷은 꿈도 못 꿀 일이었고 전자기기도 제대로 사용할 수 없어서 해가 사라지면 눕는 것 외에는 달리 할 것이 없었다.

게다가 이 무더위에 선풍기는커녕 시원한 과일이나 음료수는 당연 '언감생심'이었다. 더위를 식히는 방법이라곤 찬물에 샤워를 하는 것뿐이었는데, 문제는 이 물마저도 우리가 두려웠던 그 아마존 강물이라는 것이었다. 땀을 흘려서 어쩔 수 없이 샤워를 하기는 했지만 시간이 지날수록 몸에서 솔솔 풍기는 아마존의 향기는 나를 더 괴롭게 했다.

하지만 이런 건 아마존에서 겪는 사소한 문제들이었다. 가장 힘든 건 의외로 가장 작은 것에서부터 시작되었다. 처음에는 대수롭지 않게 여겼던 그것들은 반나절 만에 나의 모든 신경을 그것들에게 집중시키도록 만들었다. 그것은 바로 가장 많은 수의 인류를 죽음으로 몰고 갔다는 모기였다.

역시 랭킹 1위라는 명성은 괜히 붙은 것이 아니었다. 모기는 잠시만 방심하면 어디선가 나타나 부위를 가리지 않고 피부를 물어뜯는 아마존 최고의 사냥꾼이었다. 웬만한 옷은 아무렇지 않게 뚫었고, 모기기피제도 전혀 아랑곳하지 않고 몸에 빨대를 꽂았다. 나중에는 몸에 살색 피부보다 빨갛게 부어오른 부분이 더 많을 정도였다. 그래서 얼마나 물렸나 세어보다가 다리에만

80군데가 넘는 것을 확인하고는 세는 것도 포기해버렸다.

사실 난 땀 많이 흘리기로는 어딜 가나 언제나 1등이었고, 겨울에도 선풍기를 틀 정도로 더위에 약했다. 모기는 또 얼마나 잘 물리는지, 아마 모기 많이 물리기 대회가 있었다면 챔피언은 따놓은 당상이었을 것이다. 그렇게 생각해보면 나는 아마존에 와선 안 될 사람 1순위였다.

하지만 과거의 모든 선택이 그래왔듯이, 아마존도 그런 것을 따지고 생각하며 결정한 것은 아니었다. 그래서 덕분에 이렇게 힘들어도 보고 후회도 했지만. 일주일이라는 긴 시간과 오기 위한 비용까지 생각하면 아까운 마음이 든 것도 사실이었다. 그런데 이미 벌어진 일들, 그리고 지나온 시간들을 내가 어쩌겠는가. 아마존 한가운데서 200번은 넘게 모기들에게 헌혈을 했는데, 이제 와서 다시 피를 돌려달라고 할 수도 없는 노릇이 아닌가.

'괜찮아, 이것도 다 여행인걸.
이런 결말도 있어야지, 언제나 해피엔딩일 순 없잖아?'

내가 하는 선택이 전부 옳을 수는 없고, 언제나 최선이었다고 할 수도 없다. 하루에도 몇 번씩 선택의 순간을 맞이하지만 그 결과에 대해서 완벽하게 확신을 가졌던 적은 한 번도 없었다. 결국 실제로 해보기 전까지 내가 알 수 있는 것은 없었다. 자신만만하게 잘 할 수 있다고 생각한 일도 막상 뜻대로 안 될 때도 있고, 내가 좋아한다고 생각했던 것들도 현실에 부딪치거나 상황에 따라 싫어지는 순간도 있었다. 그리고 반대로 내가 정말 싫어하고 두려워했던 일들도 막상 도전해보면 아무렇지 않게 척척 해낼 때도 있었다.

머릿속 생각과 맞딱뜨리는 현실은 달랐고, 내 의지와 선택에 대한 결과도 늘 같지는 않았다. 한마디로, 나는 나를 잘 안다고 생각했는데 그렇지 않았던 모양이다.

나는 자연을 좋아했고 야생을 좋아했다. 도시에서 만날 수 없는 미지의 세계는 늘 설레고 즐거웠다. 그런데 그런 나의 믿음도 딱 아마존에 오기 전까지의 생각이었다.

'아 내가 자연을 다 좋아하는 것은 아니구나. 나도 좋아하지 않을 수 있구나.'

처음에는 이런 감정이 내가 경험했던 자연과 야생을 전부 부정하는 것 같아서 거북하게 느껴졌다. 하지만 생각해보니 자연을 좋아하는 모습도 나였고 싫어하는 모습도 나였다. 나는 여전히 야생의 날것들을 사랑했지만 가끔은 싫을 때도 있는 사람이었다. 아마존은 결코 나에게 자연을 멀어지도록 밀어낸 것이 아니었다.

나로 하여금 '너도 싫어할 수 있어', '너도 싫을 때가 있는 거야'라고 알려준 것뿐이었다.

그래서 경험은 소중하다. 특히 여행에서 만나는 경험들은 더욱. 여행은 그동안 몰랐던 나의 모습을 하나씩 끄집어내어 보여준다. 그것이 좋든 나쁘든 솔직하게 자신을 마주하는 시간이 되어준다.

날씨만으로 행복해지는 거리

단순히 거리를 걷는 것만으로도 행복하다는 기분이 든다는 건 도시가 가질 수 있는 최고의 축복이 아닌가 싶다. 남미에서 거리를 걷기 시작한 지 10분 만에 살아보고 싶다는 생각이 든 도시는 리마가 처음이었다. 원래는 이틀 정도만 머무르려 했던 리마에 일주일 가까이 살았던 이유도 이 때문이었다.

적당히 따스하게 비추는 햇살,
언제나 선선하게 불어오는 바람,
그리고 끈적임 없이 기분 좋은 공기까지.

너의 삶도 조금은 특별해질 수 있어

리마는 어느 것 하나 부족함 없는 완벽한 날씨를 가지고 있다. 거리의 사람들에게서도 건강한 에너지가 느껴지는 이유는 아마도 8할이 날씨 때문인 것 같다. 그게 아니라면 이 모든 풍경과 사람을 아름답게 보이도록 날씨가 마법을 부린 것일지도 모르겠다.

지금은 미식여행 중

언제나 근처 아무데서나 끼니를 해결하지만 리마에서는 한 번쯤 멋진 레스토랑에서 기분을 낼 필요도 있다. 리마가 미식의 도시라는 건 괜히 붙여진 별명이 아니었다. 리마의 음식은 단순히 허기를 채우는 것이 아닌 치유에 가까운 맛이었다.

페루의 대표요리인 셰비체는 새콤하면서도 시원해서 더위에 지친 입맛을 깨워주는 최고의 요리였다. 씹는 맛이 일품인 탱글탱글 살아있는 각종 해산물과 입에서 그냥 녹아내리는 부드러운 생선. 거기에 각종 채소를 곁들여 한입 먹으면, 아, 금방이라도 사랑하고 싶어지는 맛이다. 전체적인 식감과 맛의 조화가 완벽하게 밸런스를 이룬 최고의 요리였다.

셰비체로 입맛을 돋운 후엔 리조또도 한입. 바삭하게 구운 커틀렛 안에 해산물이 보물처럼 숨겨져 있는 오징어먹물리조또는 2년 전 이탈리아 '미슐랭1스타'에서 먹었던 그것보다 훨씬 맛있었다. 여기에 페루의 국민맥주인 '쿠스께냐'까지 곁들이면 화룡점정!

그동안 죽어 있던 미각세포들이 살아나는 기분이다.

리마는 잊고 있었던 입으로 느끼는 여행의 즐거움을 알게 해준 곳이었다. 미식의 도시에 왔다면 음식만큼은 실컷 먹고 가야 한다. 아낌없이 잔뜩!

제대로 된 셰비체 한 접시만 먹어본다면, 아마 당신은 리마에 영원히 짐을 풀게 될지도 모른다.

12

우리의 밤은
사막의 낮보다 더 뜨겁다

와카치나 Huacachina

"저기 한번 올라가볼까?"

"지금?"

"응, 지금!"

머리에 있던 말이 나도 모르게 입 밖으로 나와버렸다.

이미 한차례의 술 파티가 벌어지고 모두가 와카치나의 마지막 밤에 취해 있었다. 뜨거운 모래사막을 함께 뒹굴었던 동지들이 모여 저녁을 먹으며 이런저런 이야기를 나누다 보니 어느덧 시간은 10시를 훌쩍 넘어가고 있었다. 이제 헤어져야 할 시간이었지만 왠지 이렇게 끝나가는 와카치나의 마지막 밤이 너무도 아쉬웠다. 바로 눈앞에 보이는 칠흑처럼 어두운 사막의 모래산은 황금물결로 뜨겁게 반짝이던 낮과는 다르게 적막하고 조용했다. 와카치나의 모든 사람들이 뛰어놀던 모래가 저렇게 고요하고 차분한 것이었다니. 그런데, 문득 그런 생각이 들었다.

'왜 밤에는 사막에 아무도 없는 거지? 텅 빈 저 모래는 어떤 느낌일까?'

이 야심한 시각에 아무도 없는 모래산을 오르자니 얼마나 황당했을까? 한두 명은 재미있겠다는 반응을 보이기도 했지만 대부분은 놀라는 눈치였다. 하지만 내 안에는 이미 무언가가 꿈틀거리고 있었다. 그 마음은 술이 한 잔 두 잔 들어갈수록 점점 커졌고 결국엔 혼자라도 가겠다는 폭탄발언과 함께 나를 일으켜 세웠다.

처음에는 쭈뼛거리던 친구들도 하나둘 용기가 생겼는지 결국엔 그 자리에 있던 일곱 명 모두가 나를 따라나섰고, 그렇게 '사막원정대'가 결성되었다. 영화처럼 무슨 '절대반지'를 찾아나서는 여정이 아닌 목적도 이유도 없는 원정대였지만, 마음만큼은 영화 못지않게 비장했다.

우리는 도둑고양이처럼 조심스레 뒷문을 빠져나왔다. 양손에 랜턴과 카메라를 각각 들고는 어두운 사막으로 향했다. 50

너의 삶도 조금은 특별해질 수 있어

미터도 채 못 가서 발아래에 모래들이 펼쳐졌다. 그런데 슬리퍼 안으로 파고드는 모래들은 오히려 발을 더 무겁고 불편하게 만들었다. 어차피 누가 가져가지 않을 것 같아서 모래 위에 아무렇게나 슬리퍼를 벗어 던지고는 맨발로 모래산을 오르기 시작했다.

태양이 사라진 자리는 모든 것이 차갑게 식어 있었다. 한낮의 뜨거웠던 열기는 온데간데없고 차가운 모래만이 가득했다. 마치 뜨거운 사랑이 식어버린 여인의 마음처럼 냉소적으로. 하지만 시원한 모래알들이 체중에 눌려 발가락 사이로 들어오는 감촉은 나쁘지 않았다. 작은 모래알갱이를 품은 바람도 불쾌하기보다는 살랑살랑 기분 좋은 느낌으로 다가왔다. 모래들은 몸에 달라붙지도 않고 두 팔과 양볼을 살짝 스치고 지나갔다.

눈이 어둠에 적응하자 도시의 조명 아래서 희미하기만 했던 모래언덕이 거대하고 또렷하게 나타났다. 도시의 들썩이던 음악소리가 점점 멀어지면서 이제는 바람소리에 집중할 수 있게 되었다. 그만큼 많이 올라왔다고 생각했는데 막상 뒤를 돌아보니 겨우 절반을 조금 넘겼을 뿐이었다. 모래산을 오를수록 점점 경사가 가팔라졌고 모래는 더 고와졌다. 끝까지 가보자는 심산으로 발을 굴렀지만 어느 정도 올라가자 더 이상 앞으로 나아가지지 않았다. 부드러운 모래는 발가락에 힘을 줄수록 힘없이 흘러내리기만 했다. 앞쪽 허벅지 근육이 당겨올 만큼 열심히 움직여도 더 미끄러지기만 할 뿐. 눈앞에 고지가 보였지만 계속 제자리걸음이었다.

'이제 이만하면 됐다.'

발걸음을 멈추고 그대로 풀썩 앉아버렸다. 숨이 턱까지 차올랐고 등에는 서늘할 정도로 땀이 송골송골 맺혔다. 이마에 흐르는 땀을 손으로 대충 닦고는 그대로 모든 것을 모래에게 내려놓았다.

모래는 아무런 저항도 없이 있는 그대로의 나를 받아주었다. 나는 그런 모래가 좋아 등에 땀이 식자 자연스레 어깨동무하듯 모래에 몸을 기대었다. 그러자 무수한 별들이 내려와 서서히 눈에 박히기 시작했다. 마치 거대한 한 편의 파노라마 영화처럼, 아주 생생하고 또렷하게.

'시내에서는 몰랐는데 사막의 밤은 별이 정말 많구나.'

모래에 누워 하늘을 보고 있으면 온 세상이 거꾸로 보인다. 머리맡에는 모래구름이 피어나고 발아래엔 은하수가 흐르기 시작한다. 우주 어딘가에는 별을 밟고 걸으면 모래가 눈처럼 내리는 행성이 실제로 존재할 것 같다는 생각이 들었다. 어느새 머리카락 사이로는 바람을 타고 간지러운 '모래눈'이 흘러내렸다. 온몸이 모래에 젖어드는 비교적 따뜻한 겨울이었다.

여행을 하면 세상 모든 것과 친구가 된다더니. 길에서 만났던 강아지도, 커다란 나무도 그리고 시원한 바람도. 이제는 사막의 모래와도 친구가 된 기분이었다.

그대로 눈을 감으니 세상에서 가장 큰 침대와 이불이 내 것이 되었다.

침대는 갓 태어난 강아지의 솜털처럼 부드러웠다. 어디 하나 까끌한 곳 없이 맨드라운 모래에 손가락을 집어넣어 계속 쓰다듬었다. 손가락 사이로 떨어지는 실크 같은 알갱이들은 사방 천지에 있어도 지루하지 않았다. 차가운 밤바람에 추워지면 이불 속으로 파고들듯 모래에 몸을 비볐다. 그러면 신기하게도 돗자리처럼 시원하던 침대가 순식간에 따뜻한 온기를 전달해주었다. 겉보기와 다르게 모래의 속살에는 한낮의 뜨거웠던 기운이 그대로 담겨 있었다.

살랑거리는 바람소리와 부드러운 모래감촉에 나도 모르는 사이에 살짝 잠이 들었는가 보다. 아마 친구들이 깨우지 않았다면 그대로 모래 위에서 잤을 것 같다.

밤에는 이 넓은 모래 세상이 전부 우리의 것이었다. 사막에

너의 삶도 조금은 특별해질 수 있어

서 움직이는 것은 모래알갱이와 우리들뿐이었다. 미친 듯이 사막을 질주해도 누구 하나 막아서는 사람이 없었고, 크게 소리를 질러도 신경 쓰는 사람 하나 없었다. 아마 다른 사람들이 보았다면 밤 12시에 여기 있는 것 자체가 이미 정신 나간 짓처럼 보였을지도 모르겠지만, 우리는 정말 미친 사람처럼 마음껏 자유로웠다. 반짝이는 별과 부드러운 모래 사이에서는 어떤 짓을 해도 모든 것이 허용되었다.

퇴사를 하고 아무런 계획 없이 무작정 여행을 떠나온 이유를 이곳, 와카치나에서 처음 찾은 것 같다. 그것은 반드시 어떤 목적을 가지고 시작했던 것이 아니라 가슴이 시키는 대로 따랐던 것이었다. 아무도 가지 않았던 어두컴컴하고 쓸쓸한 사막을 무모한 용기 하나로 걸어 올라온 것처럼 말이다. 시작은 무모해도 결국 사막의 모래에게 내 몸을 온전히 내주었듯이 계획 없이 시작된 이번 여행도 나를 온전히 세상으로 내던지는 것이었다. 그리고 내가 걷고 싶은 삶도 정해진 안정된 길이 아닌 조금 불안하더라도 가슴 뛰는 새로움을 만날 수 있는 길인 것이었다.

가끔은 그냥 머리에 떠오르는 것들을 무작정 해보는 것이 좋다.

때로는 이성보다 본능이 더 정확할 때가 있다.

머리로 오래 생각한다고 그것이 반드시 옳은 결정이라는 보장은 없다.

어차피 정해진 행선지 없이 발길 닿는 대로 가
는 것이 나의 여행 아니었던가. 그렇다면 남미에
서만큼은 정해진 방식 없이 마음대로 살아보는
것도 나쁘지 않을 것 같다. 계획에 없던 일, 평소
에 하지 않던 일, 그리고 그냥 하고 싶은 일까지.
저질러보는 용기 자체가 여행의 묘미니까. 여행
에서의 일탈, 그것은 대단히 건강하다.

　각자의 삶에서도 이런 건강한 일탈이 있기를
바라본다. 가끔은 내가 아닌 것처럼 살아보는
것도 인생이라는 여행의 묘미가 아닐까?

　너의 삶도 조금은 특별해질 수 있어

사막이 그려내는 순간의 수채화

거대한 모래의 한 귀퉁이로 태양이 사그러들면 하늘은 노란 도화지가 되어 세상을 그리기 시작한다. 각자의 색으로 빛나던 실루엣들은 음각으로 검은 선 위에 새겨진 그림이 된다. 하늘에

너의 삶도 조금은 특별해질 수 있어

기대어 있던 그림자들이 꼬물거릴 때마다 그 자리에서 부드럽게 꽃을 피워냈다. 세상의 그 어떤 수채화도 담아낼 수 없는 아름다운 그림이었다. 눈에 보이는 건 태양의 강렬한 빛이지만 눈을 사로잡는 건 무채색의 그늘진 그림자들이었다.

사막의 노을은 무지갯빛 발자취를 남기며 저물어간다.

황금빛의 모래도 결국 노란 하늘이 만들어낸 물결이었다. 마지막 순간에 태양이 사력을 다해 붉은 기운을 하늘에 뿌려놓으면 모래도 이내 붉게 물들어버린다. 그러면 모래도 자신이 머금고 있던 후끈거림을 하늘로 분출하면서 사막은 점점 차갑게 식

어간다.

하늘도 서서히 밤을 받아들인다. 붉은 태양의 꼬리가 밤의
차가운 입술과 만나면 그 경계선에는 보랏빛 연기가 피어난다.
그리고 그 사이엔 자그마한 초승달이 떠오르며 사막을 완전히
잠에 빠져들게 한다.

13

만남과 이별에 대처하는
우리들의 자세

쿠스코 Cusco

해발 3600미터에 위치한 쿠스코에서의 생활은 녹록지 않았다. 쿠스코의 중심인 아르마스 광장에서 2분 거리인 숙소는 모든 편의 시설과 가게들이 다 갖추어져 있어서 편리했지만 밤에는 언제나 시끌벅적해서 잠을 깨기 십상이었다. 내가 머물던 방의 창문으로는 새벽 2시가 넘어서도 사람들의 목소리가 넘어들어올 정도였다. 숙소에 비치된 이불만으론 쿠스코 밤의 차가운 공기를 이겨낼 수 없어, 결국 배낭 제일 아래쪽에 있던 침낭을 꺼냈다. 남미에서 침낭을 사용할 일이 많지는 않았지만 이럴 땐 역시 침낭이 최고였다. 특히 컨디션이 좋지 않을 땐 침낭이 그 어떤 화학덩어리 고체보다 효과가 좋은 특효약이었다.

약간의 두통과 감기 기운이 있었지만 약을 먹지는 않았다. 약을 먹고 무리해서 어떤 일정을 소화하기보다는 푹 쉬면서 음식을 잘 먹는 것으로 대신하고 싶었다. 6인용 호스텔에 같이 머물던 다른 여행객들은 쿠스코의 낮과 밤을 즐기느라 계속 들락날락 분주해 보였다. 하지만 나는 언제나 제일 늦게 일어나 거리로 나와서 끼니를 때우고는 제일 먼저 숙소로 돌아와 잠자리에 들었다.

사실 쿠스코까지 오면서 그간 알게 모르게 여행의 대미지(damage)가 쌓여왔다. 내가 가장 중요하게 생각했던 카메라는 떨어져서 렌즈가 박살이 나버렸고, 휴대폰은 액정이 망가져 이미 제 기능을 상실한지 오래였다. 그나마 궁여지책으로 준비해온 예비렌즈와 싸구려 휴대폰으로 간신히 버티고 있었지만 썩마음에 드는 상황은 아니었다.

그렇게 이런저런 상황이 복합적으로 겹치면서 나의 몸과 정신 상태는 거의 바닥에 가까웠다. 하긴 해외에서 몇 년을 살았어도 이렇게 두 달이 넘도록 계속 이동하면서 다녀본 적은 없었으니까.

이 순간만큼은 진심으로 마음을 터놓고 이야기할 누군가가 없다는 것이 꽤나 슬펐다. 동물과 자연, 그리고 지나가는 모든 여행객들과 친구가 될 수 있다고 하지만, 그래도 가끔은 말하지 않아도 서로를 이해하는 오랜 친구 같은 편안함이 그립다. 서로 티격태격하더라도 아무것도 신경 쓸 필요 없는 그런 사이 말이다. 아무런 계획 없이 마음 편하게 여행을 다닌다고 하더라도 내가 살아온 동네나 오랜 시간 알아온 친구만큼 편할 순 없는 것이었다.

숙소에서 만나는 새로운 사람들, 또 하루에도 수십 명의 사람들을 만나고 그중에 몇 명과는 이런저런 이야기도 나눈다. 나중에 다시 만나자고, 또 연락하겠다고 하는 사람들도 있지만 결국엔 몇몇을 제외하고는 다 스쳐가는 사람들일 뿐이었다.

인연인 사람과 그렇지 않은 사람은 첫 만남만으로도 알 수 있다. 그것은 좋고 나쁘고의 문제가 아니라 취향의 차이였다. 세상엔 나와 비슷하고 잘 맞는 사람과 그렇지 않은 사람이 있을 뿐이었다.

열 번을 만나도 쉽게 친해지지 못하는 사람이 있는가 하면, 한 번을 만나도 관계가 오래 지속되는 사람이 있다. 예의 없고 거칠게 행동해도 진심이 느껴지는 사람이 있는가 하면, 아무리 웃으며 친절하게 다가와도 쉽게 정을 줄 수 없는 사람도 있다. 하지만 그런 관계들을 일일이 내가 신경 쓰거나 미리 선을 정해

너의 삶도 조금은 특별해질 수 있어

놓을 필요는 없었다. 지나갈 사람은 지나가고 남을 사람은 남았으니.

결국 여행도 사는 것과 크게 다르지 않았다. 그동안 살면서 얼마나 많은 종류의 만남과 이별을 반복해왔는가. 입학하고 졸업하고, 사랑하고 헤어지고, 또 이사를 떠나고 정착하고. 하다못해 매일 버스에 타고 내리는 행위조차 일상에서 일어나고 있는 만남과 이별이었다. 여행에서 매번 새로운 장소에 머물다 떠나고, 또 누군가와 마주쳐 지나가는 시간들도 삶의 연장선인 것이었다. 그러니 오늘도 어제처럼 만남과 이별을 담담하고 자연스럽게 흘려 보내면 된다. 그것에 크게 연연하지 않아도 된다.

여행에는 계속 살아가야 하는 평범한 시간들이 있다. 하나의 에피소드가 될 만큼 재미있지 않은 평범한 하루들이 여행의 대부분을 채운다. 하지만 이런 무수한 보통의 시간들이 있기에 그 사이의 특별한 시간들이 더 소중해지기도 한다. 마치 수많은 세잎클로버들 사이에서 발견된 네잎클로버처럼.

나는 쿠스코에서 힘들었지만 그만큼 누군가가 더 소중해졌다. 나에게 인연은 단순히 스쳐가는 것이 아니었다. 억지스럽게 노력하지 않아도 자연스레 찾아온 사람들, 나와 비슷하게 발맞추어 걷는 사람들, 편안하면서도 언제나 유쾌한 사람들, 그리고 모두가 아니라고 해도 나를 믿어주는 사람들. 겨우 몇 명 뿐이지만 나에겐 몇 백 명의 평범한 사람들보다 몇 백 배는 소중한 네잎클로버 같은 인연이었다.

여행은 장소에 대한 추억만이 아닌 사람에 대한 추억도 포함하고 있다. 그래서 늘어나는 여행지만큼이나 인연도 쌓인다. 마치 하나의 평행이론처럼 여행지를 머물다 떠나는 것은 누군가와 만나고 헤어지는 것과 비슷한 과정이다. 어쩌면 여행을 하면서 점점 성장한다고 느껴지는 것은 관계에 있어서도 점점 성숙해져가는 것일지도 모르겠다. 그렇게 오늘도 쿠스코에서의 보통날들을 보내며, 나는 관계에 대해 사회생활을 할 때보다 더 많은 것들을 배우는 중이다.

네잎클로버처럼 소중한 인연과 특별한 순간을 기억할 것.
그리고 세잎클로버의 꽃말처럼 나를 거쳐간 평범한 사람들과
반복되는 보통날들도 '행복'이라는 것을 잊지 말 것.

#14

마추픽추 is 마추픽추입니다

마추픽추 Machu Picchu

　마치 공휴일의 청계산처럼 입구는 사람들로 북적거렸다. 좁은 사람들 틈새를 비집고 들어가니 입구와는 다르게 마추픽추는 조용하고 한산했다. 전혀 다른 세상으로 들어온 기분이었다.

　걸어 들어갈수록 안개는 짙어졌고 어디인지 가늠하기가 힘들 정도로 시야가 뿌옇게 변해갔다. 주변의 높고 험한 산세가 어렴풋이 보이기는 했지만 안개에 가려 얼마나 높은지 알 수는 없었다. SF영화의 주인공이 된 것처럼 미스터리한 기운이 온몸을 휘감으며 미지의 세계로 첫 발걸음을 내딛는 기분이었다.

　서서히 안개가 걷히면서 발아래로 푸른 잔디와 검은 돌들이 나타났다. 앞을 가리고 있던 돌담을 돌아서자 순식간에 녹지가 펼쳐지면서 장막 속에 가려져 있던 마추픽추가 눈앞에 모습을 드러냈다. 그동안 사진으로만 보아왔던 마추픽추를 실제로보게 되다니. 순간 온몸에 닭살이 돋으면서 미세하게 전율이 느껴지는 듯했다.

돌을 쌓아 만든 계단과 벽들은 어색하지 않고 조화롭게 자연과 어울려서, 자연도 건축의 일부처럼 보이게 만들었다. 가시적으로 보이는 조화로운 풍경과 정갈한 자태도 아름다웠지만 그 안에 숨겨진 이야기를 알고 나니 마추픽추가 더 대단해 보였다. 마추픽추는 그냥 돌덩어리가 아니라 공들여 피땀으로 세워진 하나의 작품이었다. 다양한 용도로 쓰였던 방들을 하나하나 들어가보면 마치 타임머신을 타고 잉카시대로 돌아온 것 같은 기분이 든다. 그리고 동시에 그들의 정교한 기술과 엄청난 노력이 고스란히 전해진다. 미로같이 구불구불한 길을 정신 없이 돌아다니면 탐험가처럼 흥분되기도 하면서 어린 시절 숨바꼭질을 하는 것처럼 신이 나기도 했다.

한 시간 넘게 마추픽추의 내부를 구석구석 구경했지만 아직 나에겐 숙제가 남아 있었다. 바로 높은 곳에 올라 안개가 걷힌 마추픽추의 온전한 모습을 보는 것이었다. 사실 처음에 주변 풍경에 빠져 발길이 닿는 대로 걷다가 전망대를 지나치는 바람에 의도치 않게 내부로 들어와버린 것이었다.

재입장을 하고 당당하게 걸어갔는데, 아뿔싸, 또 실수를 하고 말았다.

'여긴 어디, 나는 누구? 도대체 전망대는 어디란 말인가!'

분명히 다른 길로 왔다고 생각했는데 또다시 내부로 들어와 버렸다. 다른 길은 본 기억이 없는데, 대체 어디서부터 잘못된 것일까? 안타깝게도 마추픽추에서는 뒤로 돌아갈 수가 없었다. 내부의 혼잡을 막기 위해서인지 일방통행으로 운영되고 있어서 한 번 지나가면 돌아가는 것이 불가능했다. 처음엔 그런 사실을 모르고 뒤로 돌아가려고 했다가 관리직원에게 제지당하는 바람에 알게 된 것이다. 결국 전망대에 가기 위해서는 다시 출구까지 돌아서 나가야만 했다.

마추픽추는 결코 나를 쉽게 허락하지 않는 것 같았다. 오늘만 세 번이나 입장!

'이번에는 정말! 절대로! 실수하지 않으리.'

다행히 별다른 어려움 없이 입구를 통과해 살금살금 걸어갔다. 천천히 주변을 살피며 가다 보니, 마침내, 내가 그토록 원하던 그 길을 발견할 수 있었다. 아까와는 달리 왼편에 위로 올라갈 수 있는 길이 마법처럼 나타났다. 나는 또다시 초심을 망각하고 발걸음을 재촉하기 시작했다. 오르막길을 빠르게 오르는 동안 이마에는 땀이 송골송골 맺히고 몸은 점점 더워졌다. 입고 있던 경량패딩을 벗어서는 허리춤에 단단히 묶으면서도 발걸음은 쉬지 않고 언덕을 올라갔다. 쿵쾅거리는 심장처럼 발걸음도 점점 빨라지고 있었다.

그리고 마침내 마추픽추의 정상에 도착했다.

몇 십 년 만에 보는 첫사랑을 만나는 것처럼 가슴이 너무 두근거렸다. 올라올 때는 조급한 마음에 뛰다시피 왔지만, 막상 마추픽추를 보려고 하니 쉽게 다가갈 수가 없었다. 마음을 가다듬고 한 발자국씩 조심스럽게 다가갔다. 고개를 숙인 채로, 최대한, 아주 천천히. 그리고 심호흡을 한 번 크게 하고는 고개를 정면으로 마추픽추를 마주했다.

'아 이것이 진정한 마추픽추의 얼굴이구나.'

위에서 내려다본 도시의 전체 모습은 그 안에서 보았을 때와는 전혀 달랐다. 한눈에 꽉 차는 마추픽추는 위대하고 웅장했

다. 아니 그 이상으로 장엄하고 숭고한 기분마저 들었다. 마추
픽추는 내게 생각할 시간을 주지 않았다. 머릿속에 무엇을 떠
올리기보다 가슴으로 느끼도록 만들었다. 마치 "나를 느껴봐"
라고 말하고 있는 것 같았다. 그것은 쉴 새 없이 불어오는 바람
같았지만 나를 숨막히거나 갑갑하게 하지 않고 스며들듯이 아
주 천천히 밀려왔다.

그것은 무어라 말로 형용할 수 없는 감동이었다. 어떠한 수
식어도 마추픽추를 온전히 담아낼 수 있는 단어는 없었다. 마
추픽추는 '마추픽추'였다. 그것이 제일 완벽한 표현이었다.

지금까지 참 많은 것을 보아왔다. 미켈란젤로가 시력과 맞바

꾼 천장화, 가장 비싸다는 다빈치의 모나리자, 가장 아름다웠던 클림트의 연인까지. 이런 세계적인 미술품뿐만 아니라, 북경의 만리장성, 로마의 콜로세움, 두바이의 부르즈칼리파까지 최고라고 불리는 건축물들도 다 눈으로 담아왔다. 그것들은 인간이 보여줄 수 있는 최고의 작품이었다.

하지만 마추픽추를 본 순간 그런 작품들은 아주 미미한 존재들처럼 느껴졌다. 단언컨대 그 어느 것도 마추픽추를 따라갈 수 없었다. 마추픽추는 존재 자체만으로도 뛰어났지만 주변과 어우러지는 아름다움이 있었다. 이것은 자연에서 느껴지는 감동과 흡사한 것이었다. 마치 인간의 작품과 창조주가 만든 작품의 경계선에 있는 것 같은 느낌이었다. 그래서 다른 것들과 비교하거나 다른 말로 묘사하기가 힘든 작품이었다. 내 방식대로 표현하자면 '인류 최고의 걸작'이었다.

"이 풍경이 사진에는 다 담기지를 않는구나."

마추픽추는 사진 몇 장으로 알 수 있는 곳이 아니었다. 이곳에 올라와야만 느낄 수 있는 감동은 절대 사진으로는 표현되지 않는 것이었다. 이 풍경이 눈에서 사라지면 그 감동도 함께 사라져버릴 것만 같았다. 그래서 마추픽추를 뒤로하고 떠나기가 아쉬웠다. 마추픽추도, 페루도 이제 발길을 돌리면 다시 이 감동을 느낄 수 없을 테니까.

하지만 나는 헤어짐을 슬퍼하지 않기로 했다. 모든 것이 끝인 것 같아도 영원한 끝이란 없는 법이니까. 언제나 나에게는 하나가 사라지면 또 하나가 시작되었다. '마지막'의 뒤에는 늘 새로

너의 삶도 조금은 특별해질 수 있어

운 '시작'이 찾아온다. 7년간의 회사생활에서 발길을 돌리고 전혀 다른 남미여행이 시작된 것처럼 마추픽추와의 이별 뒤에는 또 새로운 여행이 찾아올 것이다.

그렇게 생각하니 마음이 조금 편해졌다. 이젠 마추픽추를 내려갈 수 있을 것 같았다.

나중에 사랑하는 사람이 마추픽추가 궁금하다고 이야기한다면, 이 사진들을 보여주는 대신 그녀의 손을 잡고 함께 이곳에 올라와보고 싶다. 지금 내가 느꼈던 것들을 그녀에게도 그대로 전해주고 싶다.

"당신이 궁금해했던 마추픽추는
사진 속의 마추픽추가 아니라 바로 여기야."

언젠가 다시 마주치기를 기대하며. 그때까지 마추픽추도, 페루도 모두 안녕.

Bolivia · Chile

03

볼리비아·칠레

나는 기쁘고 또 슬펐다.
여행은 있는 그대로의 나를
마주할 수 있는 시간이었다.
그 모든 순간이 나였다.

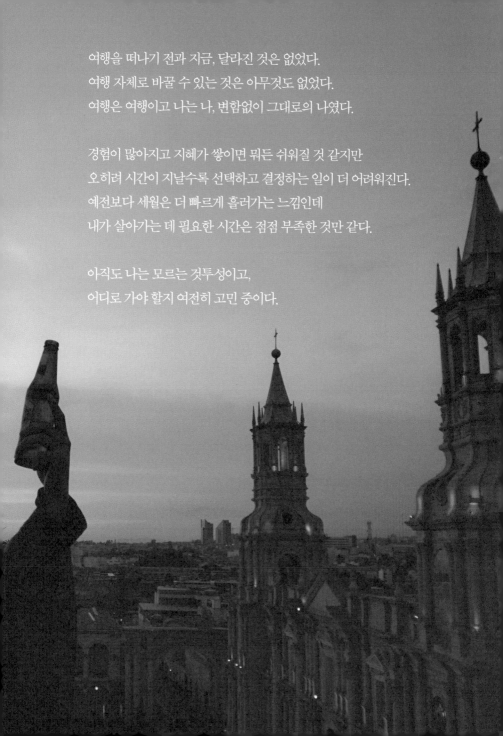

여행을 떠나기 전과 지금, 달라진 것은 없었다.
여행 자체로 바꿀 수 있는 것은 아무것도 없었다.
여행은 여행이고 나는 나, 변함없이 그대로의 나였다.

경험이 많아지고 지혜가 쌓이면 뭐든 쉬워질 것 같지만
오히려 시간이 지날수록 선택하고 결정하는 일이 더 어려워진다.
예전보다 세월은 더 빠르게 흘러가는 느낌인데
내가 살아가는 데 필요한 시간은 점점 부족한 것만 같다.

아직도 나는 모르는 것투성이고,
어디로 가야 할지 여전히 고민 중이다.

#15

남미에서 걷는
나만의 순례길

코파카바나 Copacabana, Bolivia

　페루의 푸노에서 볼리비아의 코파카바나까지는 4시간 정도 걸리는 비교적 짧은 구간이었기 때문에 오랜만에 야간버스가 아닌 아침에 버스를 탈 수 있었다. 페루 내에서의 버스 이동은 어딜 가나 기본이 10시간이었는데, 오히려 페루에서 볼리비아로 가는 데는 고작 4시간이면 충분했다.

　어제 뚝 떨어진 기온 탓인지 출발 전부터 추적추적 비가 오기 시작했다. 2층 버스의 맨 앞자리에서 담요를 덮고 앉아 있는데 점점 거세진 빗줄기로 풍경은 하나도 보이지 않을 정도가 되어버렸다. 유리창을 부술 듯이 세게 내리치는 비는 저절로 눈을 질끈 감게 만들었다. 앞 유리창에 커다랗게 두 줄로 그어진 금

너의 삶도 조금은 특별해질 수 있어

이 금방이라도 깨질 것처럼 위태로워 보였다.

　코파카바나로 이동하는 승객은 그리 많지 않았다. 40인승 버스에 누워 있는 인원은 고작 5명. 매번 사람 가득한 비좁은 버스만 타다가 이렇게 여유로운 버스를 타는 것도 조금은 어색했다. 텅 빈 공간에는 쌀쌀한 기운이 가득했지만 가는 내내 몸은 편했다. 다리를 쭉 뻗어 옆 좌석에 걸쳐놓은 채로 비스듬히 기대어 있다 보니 나도 모르게 잠에 빠져들 만큼.

　어느덧 비가 잦아들고 차창으로 스미는 외풍이 어깨를 움츠러들게 할 때쯤 버스는 페루와 볼리비아의 국경에 도달해 있었다. 안내차장이 올라와 출입국 심사에 대해 영어로 설명해주었지만 억양 때문인지 문법 때문인지 정확히 이해하기는 힘들었다. 그냥 여태까지 늘 그래왔듯이 대충 눈치껏 행동하자는 생각으로 대수롭지 않게 여기며 버스에서 내렸다.

　계속되는 빗줄기에 작은 가방으로 머리를 가리고는 무작정 앞선 승객의 발만 보면서 건물로 뛰어 들어갔다. 허름한 건물의 한쪽 벽면에는 페루와의 작별을 알리는 문구가 쓰여 있었고, 그 앞에는 세 명의 직원이 재판관처럼 근엄하게 앉아 있었다. 사람이 많지 않아서 몇 분 만에 출국 심사를 마치고는 밖으로 나올 수 있었다. 그런데 우리를 태우고 왔던 버스는 보이지 않았고 잠깐 한눈을 판 사이에 버스에서 보았던 일행들도 모두 사라져버렸다.

'아 이제부터 어떻게 하지?'

어쨌든 저 앞쪽으로 걸어가면 볼리비아라는 것을 알고 있었기 때문에 일단 무작정 걸어가보기로 했다. 100미터쯤 걸어 올라가자 앞쪽에는 붉은 벽돌을 쌓아올린 커다란 게이트가 보였고, 함부로 지나가지 못하도록 바리케이드도 쳐져 있었다. 국경이라고 글로 써놓은 것은 아니었지만 모양새가 국경인 것 같았다. 하지만 딱히 지키는 사람도 없고 다른 시민들도 아무렇지 않게 지나다니는 것을 보니, 그냥 통과해도 큰 문제는 없어 보였다. 다른 사람들처럼 바리케이드를 살짝 비켜 지나가자 앞쪽의 구멍가게 앞에 대기중인 버스를 발견할 수 있었다. 다른 일행들도 모여 있는 것을 보니 맞게 찾아온 모양이었다. 속으로 다행이라 생각하며 기쁜 마음에 일행들과 합류했다.

하지만 난 이때 알지 못했다. 무언가 잘못되고 있었다는 것을….

처음 보는 사람들이지만 여행지에서는 금방 쉽게 친구가 된다. 불량식품 같은 과자로 볼리비아에서의 첫 지출을 시작하고 서로 나누어 먹으며 일행들과 즐겁게 이야기를 나누었다. 기껏

너의 삶도 조금은 특별해질 수 있어

해야 여행지에 대한 소소한 정보들이지만 이런 잠깐의 이야기들이 의외로 여행에 많은 도움이 된다. 그러는 사이 버스의 문이 다시 열렸고 버스차장은 얼마 되지 않는 인원을 대충 눈으로 확인하고는 곧장 버스를 출발시켰다.

버스는 왕복 2차선의 좁은 길을 쌩 하니 달려갔다. 그런데 뭔가 느낌이 좋지 않았다. 마음 한구석에 어딘가 꺼림칙한 기분이 들었다. 나는 분명히 입국 심사를 받지 않았고, 어디선가 받을 것이라고 생각했는데, 버스는 멈추지 않고 계속 달리는 중이었다.

'입국 심사장은 따로 안 가는 건가? 입국 심사장 가는 것치고는 너무 먼데?'

머리에 오만 가지 생각이 드는 가운데 휴대폰을 꺼내어 지도상의 GPS로 위치를 확인해보았다. 그런데, 현재의 위치는 목적지인 코파카바나 시내에 도착하기 일보직전이었다!

"아, 망했다! 저기 잠깐만! 헬프미!"

얼른 버스 1층으로 내려가 운전석 쪽의 문을 두드렸다. 안내차장 나오자마자 급하게 자초지종을 설명하니, 그녀는 깜짝 놀라며 정말 입국 심사를 안 받았냐고 되물었다. 그렇다고 고개를 끄덕이자 그녀는 운전사에게 달려갔고, 버스는 비상등을 켜면서 도로 한편에 멈춰 섰다. 일단 버스에서 내리자 운전사

아저씨는 짐칸에 있던 배낭을 꺼내어주었고, 차장 아가씨는 길 반대편에서 희끄무레한 봉고차 한 대를 잡아 세우고는 나를 기다리고 있었다. 헐레벌떡 고맙다는 인사를 건네고 현지사람들과 함께 봉고차를 타고 다시 국경으로 향했다.

입국 심사도 안 받고 오다니. 좁은 봉고차에 앉아 다시 생각해도 어이가 없었다.

'겪을 수 있는 일은 다 겪어보는구나. 어쩜 이렇게 한 번을 그냥 넘어가는 법이 없지?'

막상 국경에 도착하니 무엇을 또 어떻게 해야 될지 난감했다. 그래서 페루 출국 심사장으로 돌아가 물어볼 심산으로 바리케이드를 다시 지나가는데, 갑자기 누군가 나의 배낭을 뒤에서 덥석 붙잡았다. 힘겹게 뒤를 돌아보니 검은 제복을 입은 남자가 두 번째 손가락을 흔들며 고개를 가로젓고 있었다. 그는 그냥 넘어가면 안 되고 사무실에 가서 출국 심사를 받아야 한다고 알려주었다.

"아니… 저기… 난 출국 심사가 아니라, 입국 심사를 받아야 하는데?"

혹시라도 불법체류자로 잡혀갈까 싶어서 최대한 불쌍한 표정을 지으며 자초지종을 설명했다. 그러자 그는 어이없다는 듯

웃으며 자신을 따라오라고 했다. 그런데 정말 어이없게도, 아까는 보이지 않았던 입국 심사장이 차도를 하나 건너니 떡하고 있는 게 아닌가. 심지어 내가 간식을 사먹었던 구멍가게 바로 앞쪽에 있었다.

자초지종을 들은 입국 심사장 직원들까지 모두 크게 한바탕 웃는 것으로 여권에 당당히 볼리비아 도장을 받을 수 있었다. 드디어 불법체류자가 아닌 정식 관광객의 신분으로 볼리비아 땅을 밟게 되었다!

너의 삶도 조금은 특별해질 수 있어

누가 시키지 않아도 또 이렇게 사서 고생을 하다니. 하루가 멀다 하고 터지는 사건들에 이제는 스스로가 대견스럽기까지 하다. '젊어서 고생은 사서도 한다'는 말이 이제는 정확히 이해가 될 것 같다. 젊을 때는 그것이 단순히 '열정을 가지고 무엇이든 도전해보라'는 말로만 들렸는데, 이제는 '무엇이든 쉽게 얻으려 하지 말고 직접 부딪쳐 경험해보라'는 말처럼 들린다.

수많은 여행자들이 지금 이 시간에도 스스로 고생길에 들어서고 있을 것이다. 여행의 매일이 언제나 즐겁고 행복할 수는 없다. 오히려 예상치 못했던 사건사고로 고생하는 나날이 더 많을 수도 있다. 하지만 스스로가 선택한 고행길 위에 선 여행자들에게 그 시간들은 분명 각자에게 특별한 의미를 가져다줄 것이다. 많은 사람들이 그런 도전을 하는 데는 다 그만한 이유가 있는 것이니까.

그들처럼 나도 남미에서 나만의 방식으로 순례길을 걷는 중이다. 정해진 코스는 없지만 평범하지 않은 이 고생길이 나에게는 순례자의 길처럼 느껴진다. 꼭 스페인을 가야만 '순례자의 길'을 걸을 수 있는 것은 아니다. 내가 경험하는 모든 것들이 나를 돌아보게 해준다면, 그곳은 어디라도 '순례자의 길'이 될 수 있다.

벤치에 기대어 티티카카 호수를 감상하며

　티티카카 호수는 남미에서 가장 큰 호수이자 세계에서 가장 높은 곳에 위치한 호수다. 이 호수를 공유하는 페루의 푸노와 볼리비아의 코파카바나는 가깝지만 전혀 다른 분위기를 풍긴다. 푸노는 시골마을에 놀러간 것처럼 사람냄새가 나는 정겨운 곳이었고, 반면에 코파카바나는 남미의 분위기를 물씬 풍기는 비교적 잘 발달된 관광지의 느낌이 드는 곳이었다.

너의 삶도 조금은 특별해질 수 있어

　우열을 가릴 수 없을 정도로 두 곳 다 매력적이지만 코파카바나의 경치만큼은 꼭 추천해주고 싶다. 개인적으로는 푸노처럼 푸근한 곳을 더 사랑했지만 코파카바나의 풍경은 인정할 수밖에 없었다. 특히 여기서 유일하게 맛있었던 트루차(송어구이)를 먹고 숙소의 벤치에 누워서 호수를 바라볼 때, 그때가 내가 기억하는 코파카바나에서의 가장 완벽한 순간이었다.

라파즈 _ 예상밖의 행운을 만났을 때

야경을 반드시 높은 곳에서 보아야 하는 건 아니다.
때로는 정반대로, 올려다보는 것이 아름다울 수도 있다.

사방에서 별이 쏟아져 내리듯이 둘러싸인 야경.
라파즈는 남미에서 최고의 야경을 간직한 곳이었다.
그것은 마치 거대한 우주공간에 있는 것 같은 기분이었다.

우리는 예상치 못했던 의외의 것들에서
가끔 최고의 행운을 발견하기도 한다.

16

맥주가 맛있는 도시에서,
자 건배!

수크레&아레키파 Sucre & Arequipa

여행을 하다 보면 잠깐의 여행이 아닌 잠시라도 머물고 싶은 생각이 드는 도시들이 있다. 자연스럽게 마음이 편해지는 그런 도시에서는 며칠이고 아무것도 안 하고 싶고, 시간만 있다면 몇 달은 살아보고 싶은 마음도 생긴다. 우연한 기회에 찾아온 이 마법 같은 도시들은 페루의 아레키파와 볼리비아의 수크레였다.

처음에는 두 도시 모두 나에게는 생소한 곳이었기 때문에 어떤 기대감도 없었다. 그래서 행선지를 정하는 마지막 순간까지도 갈지 말지를 고민하기도 했고, 그 도시에 도착하는 순간까지 별다른 계획도 없었다.

처음에 아레키파를 선택한 이유 같은 건 사실 잘 기억이 나지 않는다. 아마도 페루의 나스카 버스터미널에서 쿠스코와 아레키파의 버스표를 물어보다가 즉흥적으로 결정한 것 같다. 매표소에서 모니터로 버스시간과 가격을 보여주던 직원이 아레키파를 가라고 해서 온 것 같기도 하다.

수크레도 비슷했다. 라파즈 버스터미널에 가서 20분이 넘도록 오루로나 우유니행 버스표를 알아보다가 우연히 만난 다른 여행객의 한마디에 덜컥 수크레 버스표를 사버린 것이었다. 처음 본 사람과 고작 1~2분 이야기한 것이 전부였는데 말이다. 그냥 갑자기 가보고 싶다는 생각이 들었던 걸까? 지금은 기억나지 않는 이유지만 호기심 많은 나로서는 아마 이곳들에 대해 잘 몰랐다는 점이 더 신선하고 매력적으로 다가왔던 것 같다.

그렇게 도착한 아레키파의 (구시가지)거리는 세련되고 아름다웠다. 유럽식의 건물과 도로, 고풍스러운 레스토랑과 가게들. 시내의 중심인 아르마스 광장 근처에는 벤치에 앉아서 여유를 즐기는 현지인들과 구경하느라 정신 없는 관광객들로 언제나 북적거렸다. 리마 못지않게 잘 정비된 느낌의 도시였다.

하지만 겉으로는 화려해 보여도 며칠만 지내보면 화려함이 전부가 아니라는 것을 알 수 있다. 늘 사람들로 붐벼서 정신이 하나도 없을 것 같지만 그 틈에도 마을은 언제나 차분하고 편안했다. 내가 보는 사람들은 자신의 삶에 충실하면서 어수선하지 않은 모습이었다. 나 같은 관광객이 지나간다고 해서 귀찮게 하지도 않았고 불편하게 만들지도 않았다. 그래서 마치 예전부터 살아온 동네처럼 마음 편하게 지낼 수 있는 곳이었다.

수크레는 겉모습만 놓고 본다면 아레키파와는 전혀 다른 느낌이지만 지내보면 비슷한 감성을 지니고 있다는 것을 알게 된다. 그냥 오래된 시골 느낌이 아니라 마치 한국의 경주나 전주처럼 잘 보존된 중후한 전통의 멋을 가지고 있는 동네였다. 길에는 사람도 차도 그리 많지 않았고 골목이나 광장이나 어디든 한산해서 전체적으로 평화로운 분위기였다. 대부분 남미에서 한적한 곳은 99퍼센트 위험한 곳이기 때문에 가지 않는 것이 좋지만, 수크레는 어떠한 경계심도 느껴지지 않는 고향처럼 한적하면서도 안전한 곳이었다.

하지만 평화롭다고 해서 단조롭거나 지루한 것이 아니었다. 수크레는 조용하지만 뜨거움을 가진 도시였다. 조금만 친해지면 다른 도시보다 훨씬 생동감이 넘치고 열정적인 모습이 그들에게 있다는 것을 알 수가 있다. 그들의 웃음에는 진정성이 있었고 그들의 친절에는 대가가 없었다. 사람을 진심으로 대하고 긍정적인 모습으로 누군가를 즐겁게 할 줄 아는 사람들이었다.

쉬지 않고 이렇게 오랫동안 여행을 하면 머리에 과부하가 걸릴 정도로 많은 정보들이 쌓여간다. 경이로운 풍경과 신기한 경험들에 정신차릴 틈도 없이 뇌는 점점 포화상태가 되어간다. 그러나 여기선 그럴 필요가 전혀 없었다. 내 안에 일어나는 모든

#조용하지만 뜨거운 수크레

너의 삶도 조금은 특별해질 수 있어

작업을 잠시 내려놓고 쉴 수 있는 공간이었다. 다른 곳에 신경 쓰지 않고 모든 에너지를 온전히 나에게 집중할 수가 있다. 주변에는 내가 경계해야 할 사람도 없고 나에게 신경 쓰는 사람도 없었으니까. 그래서 가장 아무것도 안 한 것처럼 보이지만 또 가장 많은 것을 할 수 있었던 곳이기도 했다.

그것은 나를 비워내는 작업이었다. 여행에서 보고 느끼는 것

#화려하지만 차분한 아레키파

들이 감각을 총동원해 'Input'을 하는 외적인 작업이라면, 아레키파와 수크레는 그것들을 나만의 'Output'으로 만들어내는 내적인 작업의 공간이었다. 지나간 여행들을 돌아보고 자신과 대화하며 생각을 정리해나갔다. 그러다 보면 아무렇게나 어질러진 생각의 조각들이 차곡차곡 정리하여 보관해놓은 것처럼 깨끗하고 가지런해졌다. 마치 새로운 요리를 먹기 전 입을 헹구는 의식처럼 앞으로 다가올 새로운 여행을 정확히 맛볼 수 있도록 만들어준 기분이었다.

이곳에 머무는 동안은 주변을 슬렁슬렁 걸어 다니는 것이 좋았다. 행동반경도 굉장히 좁았고 특별히 관광을 하지도 않았다. 마음에 드는 카페나 술집에 앉아 시간을 보내는 것이 일상이었다. 조금 심심할 때면 시장에 가서 사람들을 구경하고 장을 보는 것이 전부였다. 매일 드나드는 가게 직원들은 커피를 주문할 때 더 이상 내 이름을 묻지 않는다. 주문도 하지 않은 음식을 서비스로 받기도 하고, 여러 잔의 음료를 건네며 평가해달라는 부탁을 받기도 했다. 내가 한 일이라고는 단지 매일 같은 가게를 찾아간 것뿐인데 그것이 그들에게는 조금 특별해진 모양이었다.

아무것도 하고 싶지 않은 이 동네에서도 매일 하루도 빠짐없

너의 삶도 조금은 특별해질 수 있어

이 한 일은 바로 맥주를 마시는 것이었다. 단지 내가 맥주를 좋아해서가 아니라 이곳들은 맥주가 정말 맛있었기 때문이다.

수크레는 아늑한 분위기에 음악도 사람도 좋아서 하루에도 맥주가 몇 잔씩 술술 들어간다. 대낮부터 맘 편히 앉아서 맥주를 마시다 보면 어느새 테이블 위에 맥주병이 계속 쌓여간다. 하루 식비로 나가는 비용보다 맥주에 드는 비용이 훨씬 많을 정도로 맥주가 24시간 맛있는 곳이다.

한 컷의 정지화면처럼 이렇게 맥주를 즐기는 순간이 내가 원했던 여행의 모습이었다. 정신 없이 분주하게 블루마블 하듯이 찍고 넘어가는 여행이 아니라 내가 원할 때까지 그곳에 머물며 나만의 시간을 무한히 즐길 수 있는 그런 여행.

맥주라면 아레키파도 빼놓을 수 없다. 아레키파에서 맥주가 가장 맛있는 순간은 바로 저녁 노을이 질 무렵이다. 아르마스 광장과 성당을 배경으로 넘어가는 붉은 노을을 바라보고 있으면 아름다운 풍경에 저절로 정신이 아득해진다. 그리고 이어지는 야경은 보고만 있어도 취할 만큼 아찔해서 맥주 한 모금만으로도 충분히 알딸딸한 기분이 들게 한다. 풍경을 안주 삼아 마시는 맥주는 매일 먹어도 절대 질리지 않았다. 많이도 필요 없이 딱 맥주 한 병이면 두세 시간을 가장 황홀하게 보낼 수 있다.

수크레와 아레키파는 관광을 안 해도 좋다. 그냥 맥주만 마셔도 최고로 행복한 도시다. 세계 최고의 맥주를 맛볼 수 있는 곳! 다른 건 아무래도 좋다.

"그런 의미에서 아름다운 노을에게, 건배!"

#17

우유니에서
20년 전의 꼬맹이를 만나다

우유니 Uyuni, Bolivia

'툭!'

우유니의 새하얀 소금 땅을 밟는 순간 모든 것이 끝난 것 같았다. 마음속에 팽팽하던 줄 하나가 툭 끊어진 느낌이었다. 내 무의식 속에서 이번 남미여행은 우유니를 향해 달려온 것 같다는 생각이 들었고, 마침내 우유니를 본 순간 여행의 최고 정점을 찍고 내려가는 기분이었다. 팽팽하게 당겨져 있던 긴장의 끈이 풀려 느슨해지자, 모든 것을 내려놓고 쉬고 싶은 마음마저 들었다.

우유니는 그동안 상상만으로도 수백 번을 넘게 찾아온 곳

너의 삶도 조금은 특별해질 수 있어

이었다. 20년 전의 꼬맹이 중학생 시절부터 우유니 소금사막을 보며 '언젠가는'이라고 다짐했었다. 사진을 보여주면 모두가 어디냐고 물어볼 정도로 아무도 몰랐던 미지의 땅은 세월이 흘러 남미에서 한국인에게 가장 인기 있는 관광지가 되어버렸다. 그리고 그렇게 긴 세월이 흐르는 동안 나의 가슴속 한구석에는 풀지 못한 숙제처럼 우유니가 남아 있었다.

해가 쨍쨍한 시각에 도착한 우유니는 하얀 소금 이외에는 아무것도 보이지 않았다. 정말 사막처럼 황량한 풍경이었다. 아무리 눈으로 뒤덮인 곳이라도 이 정도로 온천지가 새하얄 수는 없을 텐데 싶을 만큼, 소금은 눈보다 훨씬 더 깨끗했다. 그것은 세상의 때가 전혀 묻어 있지 않은 순도 100퍼센트의 흰색이었다.

소금이 전부인 세상에는 오직 두 가지 색만이 존재했다. 하나의 긴 지평선이 하늘의 푸르름과 소금의 순백색으로 세상을 이등분했다. 나는 이와 비슷한 장면을 일본의 홋카이도에서 본 적이 있었다. 삿포로에서 조금 떨어진 비에이에는 겨울이면 설원을 이루는 지평과 그에 대조될 만큼 푸르게 빛나던 하늘이 있었다. 비슷한 구도와 같은 색감이지만 나는 우유니가 더 좋았다. 우유니의 아무것도 가미되지 않은 본래의 순수함과 원시적인 단순함이 좋았다. 그것은 세상에서 가장 단순하지만 가장 멋있는 풍경이었다.

내가 꿈꾸고 와보고 싶었던 우유니의 모습이었다.

광활한 소금사막에서 태양을 피할 수 있는 곳은 어디에도 없었다. 그늘 한 점 생기지 않는 이 땅 위에 서는 것은 마치 홀로 무대 위에서 조명을 받는 것처럼 벌거벗겨진 기분이었다. 손바닥으로 아무리 얼굴을 가려보아도 숨을 곳은 없었다. 하얀 소금에 반사되어 오는 강렬한 태양에 선글라스를 쓰지 않으면 실명한다고 야단이었지만 선글라스는 최후의 보루로 남겨두고 싶었다. 이 장면을 아무런 필터 없이 그대로 눈에 담고 싶었기 때문이다.

아무것도 없다는 것은 또 모든 것이 존재할 수 있다는 의미이기도 했다. 바람은 어느 곳 하나 막힘 없이 사방에서 불어왔다. 바람은 짭짤한 소금기를 머금고 다가와 입술에 자신의 존재를 남기고 지나갔다. 물기가 사라져 딱딱하게 굳은 소금은 발걸음을 내디딜 때마다 뽀스락거리는 소리를 내며 발아래에서 부서졌다. 눈을 밟는 것 같은 부드러움은 없었지만 딱딱한 소금이 가루가 되어 발아래서 밀려날 때 나는 우유니를 느낄 수 있었다. 내가 지나간 자리마다 눈처럼 부서진 소금 알갱이들이 흩뿌려져 남아 있었다.

'나는 왜 그토록 이곳에 오고 싶었던 것일까?'

20년 전 무엇이 나를 여기까지 이끌었는지에 대한 이유는 시간이 지나면서 사라져버렸다. 나이를 먹을수록 본질은 사라지고 의지만 남아버린 것 같았다. 아무리 생각해보아도 20년 동안 우유니를 붙잡고 있었던 것이 무엇이었는지 기억이 나지 않았다.

나는 우유니에서 슬퍼졌다.

그토록 염원하던 우유니에 도착해서일까?

아니면 잊혀진 듯 지나버린 20년의 세월이 허무해서일까?

아, 나는 왜 슬펐던 것일까.

내가 가장 오고 싶었던 우유니를 내가 가장 싫어하는 방식으로 온 것이 사실이었다. 지형을 모르는 초심자는 자칫 소금이 얇은 곳으로 갔다가 소금이 깨져 물속으로 가라앉을 수도 있다는 말에 차를 렌트해서 자유롭게 달리겠다는 꿈은 포기해버렸다. 결국 남들과 똑같이 관광지 돌 듯 와버린 우유니였지만, 내가 슬펐던 이유는 단순히 그런 아쉬움 때문만은 아니었

너의 삶도 조금은 특별해질 수 있어

던 것 같다. 20년 전 '언젠가는' 오겠다고 다짐했던 마음의 숙제는 풀렸지만, 정작 그 풀이에 대한 해답은 여전히 찾지 못한 것 같았다.

그런데 생각해보면 변한 것은 하나도 없었다. 20년 전 상상했던 우유니와 지금의 우유니도, 그리고 20년 전의 꼬맹이었던 나와 30대 어른이 되어버린 지금의 나도 여전히 똑같은 모습, 그리고 똑같은 마음이었다. 세월이 흐르면서 몸은 훌쩍 커버렸지만 내 안에 있던 꿈은 20년 전의 그 상태로 아직 머물러 있었다.

이제는 스스로 앞가림을 해야 할 나이가 되었지만, 나는 여전히 모르는 것투성이고 어디로 가야 할지 고민을 하면서 살아간다. 어른이 되면 지혜도 많아지고 경험도 늘어나서 모든 일이 쉬워질 줄 알았는데, 오히려 나이를 먹어갈수록 선택하고 결정하는 일이 더 어려워진다. 예전보다 세월은 더 빠르게 흘러가는 느낌인데 내가 살아가는 데 필요한 시간은 점점 부족한 것만 같다.

우유니의 꿈은 현실이 되었고, 모든 것이 다 이루어진 것 같았지만, 여전히 변한 것은 아무것도 없었다. 뭔가 대단한 변화가 일어나고 세상을 다 가진 기분이 들 것 같았지만 모든 것이 변함없이 그대로 똑같았다.

그것은 마치 내 인생을 보는 것 같은 기분이었다. 내가 퇴사를 했다고 해서 내 앞에 엄청나게 대단한 삶이 펼쳐진 것도 아니었고, 인생이 더 확실해지거나 삶에 대한 확고한 의지가 생기는 것도 아니었다. 정말 하고 싶었던 꿈을 찾는다거나 큰 성장을 이룰 만한 일을 한 것도 없었다. 내가 남미여행을 왔다고 해서 내 인생이 180도 달라지는 것도 아니었다.

나는 그냥 변함없이 그대로의 나였다.
여행 자체로 바꿀 수 있는 것은 아무것도 없었다.
여행은 여행이고 나는 나였다.

나는 소금사막 위에서 가슴으로 울었지만 어쩐지 속은 후련했다. 이제는 그 울음의 의미도, 후련함의 의미도 조금씩 이해가 되는 것 같다. 인생의 기쁨과 슬픔에 조금은 더 진심으로 임할 수 있는 마음이 생겼다.

너의 삶도 조금은 특별해질 수 있어

어떤 것을 선택해도 후회가 남는다면,
그래, 후회를 하더라도 해보고 싶은 걸 해보는 거야.

나는 한 번이라도 나에게 맞는 옷을 입고 살아보고 싶다.

어떤 인생이 더 좋고 멋있는가의 기준 따위는 없잖아.
어떤 인생이 나에게 어울리는지가 중요한 것 아닐까?

우유니에서 칠레의 산페드로데아타카마까지 달려간 2박3일 간의 여정은 집에서 주말 내내 자연다큐멘터리를 시청한 것 같은 기분이었다. 〈내셔널지오그래픽〉 잡지를 몇 년간 구독했을

정도로 자연을 사랑했던 나에게 이 풍경들은 이번 여행에서 가
장 인상 깊은 챕터 중 하나였다.

　한 귀퉁이를 접어 표시해놓고 계속 펼쳐보고 싶은 그런 '인생
의 한 페이지'였다.

화성에 불시착한 기분이 들었던 하루

내가 상상해왔던 여행의 최종 목표는 우주선을 타고 지구 밖으로 나가는 것이었다. 그것이 언제가 될지, 실제로 가능할지는 모르겠지만, 세상에서 가장 긴 나라 칠레의 북쪽 끝에서 내가 상상했던 미래여행의 모습을 미리 만날 수 있었다.

'Valle de la Luna', 일명 달의 계곡이라고 불리는 이곳은 실제로는 달보다는 화성의 모습을 더 닮아 있다. 자전거나 차를 이용해 돌아다녀야 할 정도로 넓은 지형에는 세월에 의해 만들어진 기괴한 모양의 암석과 퇴적물들이 곳곳에 있다. 하루 종일 달의 계곡을 걷다 보면 실제로 화성에 표류되어 있는 듯한 착각이 들 정도다.

특히 달의 계곡 뒤로 태양이 넘어가는 순간에 가장 이색적인

분위기를 느낄 수 있다.

신기하게도 볼리비아의 라파즈에는 똑같이
달의 계곡이란 이름을 가진 곳이 있다. 비록 걸
어서 한 시간이면 구경이 가능할 정도로 아담하
지만 칠레와는 다른 매력의 풍경을 만날 수 있
는 곳이다. 좁은 암석에 둘러싸여 머물다 보면
칠레의 화성보다 더 깊은 세상으로 빠져드는 기
분이다.

　태양의 섬에서 만난 꼬마아가씨. 말은 하나도 통하지 않았지만 마음은 통했다. 수줍게 주변만 맴돌던 아이는 내가 건넨 초코과자 하나에 쪼르르 달려와 내 무릎에 털썩 앉아버렸다. 아이의 엄마는 그런 아이의 모습이 황당했는지, 손뼉을 치며 숨이 넘어갈 듯이 깔깔대며 웃었다.

　내가 볼리비아에 오고 싶었던 이유는 우유니였지만 사실 근래에는 더 큰 이유가 생겼다. 전혀 유명하지 않은 코차밤바라는 시골동네에 내가 꼭 만나고 싶은 사람이 있기 때문이다. 남미여행을 마음먹었을 때부터 그녀는 이미 이번 여행의 목적에서 큰 부분을 차지하고 있었다.

　그녀의 이름은 에벨린. 이제는 초등학교에 들어갈 나이가 된 꼬마아가씨였다.

　그 아이가 5살이던 때부터 후원을 시작하여 이제는 가족의 인연이 되어버렸다. 후원단체와의 일정이나 여러 상황이 허락지 않아 결국 만나지는 못했지만, 이 꼬마아가씨를 보자마자 그런 아쉬움이 눈 녹듯이 사라져버렸다. 분홍색을 좋아하는 모습까지도 에벨린을 닮은 아이는 마치 하늘이 내게 준 선물 같

앉다. 아무런 준비도 없이 엉겁결에 올
라탄 보트였는데, 우연히 오게 된 태
양의 섬에서 잊지 못할 추억이 생겼다.

　나는 반드시 볼리비아에 다시 와야
한다. 그때는 내 나이가 40이 될지 50
이 될지는 모르겠지만, 지구 반대편에
서도 너를 생각하고 사랑하는 사람이 있었다는 것을 에벨린에
게 직접 말해주고 싶다. 나는 언제나 너를 응원해왔고 또 앞으
로도 응원할 것이라고. 나의 응원이 에벨린의 가슴에서 자라나
또 다른 사랑으로 누군가에게 퍼져나갔으면 하는 바람이다.

To. Evelyn
에벨린 너는 절대 혼자가 아니야. 내가 볼리비아에 있는 지금도,
그리고 이 여행을 마치고 한국에 돌아가더라도 나는 언제나 너와
함께일 거야. 그것을 평생 잊지 않았으면 좋겠어. 나는 너의 모든
선택과 용기를 응원해!
I really miss you and hope to see you soon.

From. Someone who loves you

#18

나는 한국행 대신
산티아고로 향했다

산티아고 Santiago, Chile

　숙소를 아르마스 광장 바로 앞에 잡은 건 탁월한 선택이었다. 남미 어느 도시에 가나 꼭 하나씩은 있는 'Plaza de Armas(아르마스 광장)'는 대개 도시의 중심부이자 인프라가 잘 갖추어져 있는 곳이다. 언제나 유동인구도 많고 어디든 쉽게 갈 수 있을 정도로 교통도 발달해 있다. 물론 시내 한복판인 만큼 숙소 시설이 열악하거나 주변이 시끄러울 때도 있었지만, 산티아고에서 만큼은 숙소를 잘 잡았다는 생각이 들었다.

　느지막이 숙소에서 나와 의식처럼 행하는 일은 핫도그를 먹는 것이었다. 우리나라에 '치맥'이 있다면 산티아고에는 '핫맥'이 있었다. 숙소에서 엘리베이터를 타고 내려오면 1층은 전부 핫도그를 파는 가게들이었다. 여러 군데서 맛을 본 뒤 그중에서 제일 맛있는 곳을 단골로 정해놓고는 매일 '핫도그&맥주' 콤보를 주문해 먹었다. 인스턴트라면 질색을 하던 나였는데, 이렇게 매일 핫도그를 사먹는 걸 보면 이젠 나도 입맛이 남미에 길들여진 것 같다는 생각이 든다.

산티아고에서 우연히 알게 된 친구는 케이팝을 통해 친해지게 되었다. 한국 아이돌 가수들의 힘은 실로 대단했다. 생판 모르는 칠레의 현지인과 단번에 친구가 될 수 있게 해주었으니 말이다. 이 친구와 특별히 대단한 것을 하지는 않았다. 그저 하루에 두세 시간 정도 동네를 구경하고 식사를 하면서 이런저런 이야기를 나눈 것이 전부였다.

하지만 산티아고 거주민과 함께하는 산티아고 구경은 확실히 내가 관광객의 눈으로 바라볼 수 있는 것과는 사뭇 달랐다. 혼자였으면 그냥 지나쳤을 건물들도 친구와 함께면 하나하나가 모두 재미난 이야깃거리가 되었다. 뒷골목에 숨겨진 작은 미술관에서 작품을 구경할 수 있었을 뿐만 아니라 거리에서 우연히 본 화가도 칠레에서 아주 유명한 사람이라는 것까지 알게되었다. 여행에 크게 중요하지 않은 작고 소소한 정보들이었지만 그런 것들은 그동안 여행에서 몰랐던 색다른 면을 발견할 수 있는 시간이 되어주었다.

하지만 산티아고가 다른 도시들과 다르게 느껴졌던 가장 큰 이유는 도시가 가지고 있는 다양성 때문이었다. 이번 남미여행에서 지하철은 처음 보았을 정도로 첫인상부터 남달랐던 산티아고에서 이렇게 대중교통을 이용하거나 거리를 걷다 보면, 마치 호주의 시드니나 캐나다 밴쿠버에 와 있는 느낌이 든다. 그동안 어느 도시든 비슷하게 생긴 외모와 복장의 사람들만 보다 보니 다양한 인종이 섞여서 살아가는 산티아고의 모습이 신선하게 다가왔다. 특히 지하철역 앞에서 흑인 소녀가 일식을 파는 장면은 확실히 놀라웠다. 그동안 남미에서 볼 수 없었던 파격적인 콜라보레이션이었다.

인종만큼이나 다양한 것은 이런 음식이었다. 아르마스 광장 주변에서는 비교적 쉽게 아시안 푸드를 파는 식당을 볼 수 있었는데, 요리도 그동안의 도시들에 비해서 수준급이었다. 점심이면 현지인들로 발 디딜 틈 없이 붐비는 곳도 있었다. 개인적으로 거리에서 동양인들을 많이 볼 수 없기도 했지만, 이런 식당에조차 동양인은 거의 없었다.

나 같은 장기 배낭여행객에게는 걷고 자는 것만큼이나 먹는 일도 중요했다. 매일 먹는 이야기만으로 책 한 권을 쓸 수 있을 정도로 먹는 것은 여행에서 큰 부분을 차지하고 있었다. 사실 여행을 떠나기 전에는 '식(食)'이 중요하다는 것을 전혀 인지하지 못했었다. 인도에서 일하는 동안 반년이 지나도록 한식을 거의 입에 대지 않았을 정도로 난 언제나 현지에 최적화되어 있었다. 그래서 이번 남미여행에서도 한식재료는 전부 내팽개치고 겨우 '라면스프' 하나만 달랑 들고 왔을 정도였다.

하지만 남미에서는 그렇지 않았다. 휴가로 떠나는 여행은 기간이 짧아서 괜찮았고, 어딘가에 오래 체류하면 나만의 맛집들이 생기기 때문에 먹는 것이 큰 문제가 되지 않았다. 하지만 장기간 매번 새로운 도시에서 먹거리를 찾다 보니, 번번이 도전한 음식에 실패한 적도 많았고 맛있는 음식에 대한 갈증도 쌓여갈 수밖에 없게 되었다.

그래서 결국 산티아고에 와서 식욕이 폭발하게 되어버린 것 같다. 무언가 맛있는 음식에 한 번 꽂히게 되면 그 도시에 머무르는 동안은 매일 그것을 먹어야 직성이 풀렸다. 여기서 미식에 대한 욕구를 채우지 못하면, 언제 또 맛있는 음식을 만날지 기약이 없기 때문이었다. 그렇게 먹어댔으니 아마 모르긴 몰라도 산티아고에서 3~4킬로그램은 몸무게가 늘었을 것이다.

여행 중에 가끔 한국으로 날아가 순대국밥을 먹고 싶을 정도로 한식이 그리웠던 적이 있었다. 여행 3개월 차에 접어든 시점에 산티아고는 가물어 메마른 땅에 뿌려진 단비 같은 도시였다. 산티아고에서는 모든 '식(食)'에 대한 갈증을 해결할 수 있었다. 입이 즐겁고 행복한 포만감이 생기니, 없던 에너지도 솟아나면서 여행을 다시 시작할 수 있는 마음도 생겼다.

여행에서 한 번씩 슬럼프가 온다면, 먼저 입을 즐겁게 해보는 것도 좋은 방법인 것 같다. 그리고 남미에서의 여행이 지치고 힘들어 집에 돌아가고 싶은 마음이 든다면, 한국행 티켓을 끊는 대신 산티아고로 달려가도 좋을 것 같다.

너의 삶도 조금은 특별해질 수 있어

여행지에서 정말 맛있는 음식을 맛보는 순간은

가장 사랑하는 사람과

달콤한 키스를 나누는 것과 같은 기분이다.

19

홀로 여행할 수 없는 도시

발파라이소 Valparaiso, Chile

작은 마을버스는 해안도로를 따라 조용히 달렸다. 버스의 창 너머로 10분 남짓 동네를 구경하다가 벨을 누르고 아무 곳에나 내려버렸다. 컨셉시온 언덕에 올라보기 위해 버스를 탔지만 정확한 위치는 몰랐기 때문에 휴대폰의 지도상에서 대충 가까운 곳에 내린 것이었다. 내려서도 지도만 보며 열심히 걷는데 주변 분위기가 심상치 않았다. 골목길에 접어들자 갑자기 한 무리의 낯선 사람들이 나에게로 다가오는 것을 느낄 수 있었다. 심각한 표정을 한 청년들이 자기들끼리 몇 마디 속닥거리더니 순식간에 나를 에워쌌다.

'뭐지? 말로만 듣던 강도인가? 이렇게 벌건 대낮에?'

어쩐지 그동안 너무 아무일 없이 편하게 다녔다는 생각이 들었다. 설마 했던 일이 막상 벌어지니 눈앞이 막막하기만 했다. 세 명의 청년을 나 혼자 막아서기란 역부족이었다. 게다가 뒤에 또 다른 세 명이 지키고 있어서 어디로 도망가도 무사하진 않을 것 같았다. 영락없이 독 안에 든 생쥐 꼴이었다.

오도가도 못하는 일촉즉발의 상황. 일단 카메라를 움켜쥐고 눈치를 살폈다. 한 명은 둔탁한 물건을 주먹에 쥐고 있었고, 두 명은 등 뒤에 흉기를 감추고 있는 듯했다. 그리고 서로의 눈빛이 마주친 순간!

갑자기 가늘고 날카로운 물건이 턱 밑으로 쑥 들어왔다.

'칼인가? 이대로 죽는 건가!'

순간 나도 모르게 눈을 질끈 감았다. 그런데 생각보다 상황이 잠잠했다. 무언가 큰일이 벌어진 상황치고는 너무 아무렇지도 않았다. 몸에 특별히 이상한 감각이 느껴지지도 않았다. 살포시 가느다란 실눈으로 코끝을 바라보았는데, 내 앞으로 날아든 물건은 흉기가 아닌 어설프게 만든 가짜 꽃이었다.

나를 둘러쌌던 세 명의 친구들은 뜬금없이 내 앞에서 공연을 하기 시작했다. 한 명은 손에 쥐고 있던 공으로 저글링을 했고, 또 한 명은 기다란 피리 같은 것을 불고 있었다. 내 앞의 친구는 무슨 여자친구에게 프러포즈라도 하는 것마냥 한쪽 무릎을 꿇고 공손하게 꽃을 들고 있었다. 갑자기 날아든 예상치 못한 상황에 울지도 웃지도 못하고 얼떨떨하게 서서 구경만 했다.

어이없었던 짧은 공연을 마치고 우리는 서로 어색하게 인사를 나누었다. 이야기를 들어보니 그들은 남미의 여러 나라들에서 모인 친구들로 이런 거리공연을 하며 생활하고 있다고 했다. 방금 전까지는 맥주를 마시며 쉬다가 갑자기 헤헤거리는 동양인이 재미있어 보여서 나에게 달려온 것이라고 했다. 놀란 마음을 진정하고 한참을 이야기 나누다 보니 그들의 순수한 모습에 웃음이 나왔다. 잠깐 같이 있는 것만으로도 긍정의 에너지가 느껴지고 엔도르핀이 솟아나는 친구들이었다.

그들은 남은 여행도 잘 하라며 한마음으로 응원해주었고, 나도 그들의 공연과 앞날에 축복이 있기를 기도하며 웃음으로 화답했다. 골목을 빠져나가는 순간까지 우스꽝스러운 표정으로 손을 흔들던 친구들을 뒤로하고 컨셉시온 언덕을 오르는 길, 오늘은 어쩐지 좋은 일들만 일어날 것 같은 예감이 들었다.

발파라이소에서 맘놓고 편하게 다닐 수 있게 된 것은 이때부터였다. 컨셉시온 언덕의 관전포인트는 벽에 그려진 수많은 그래피티를 감상하는 것이었다. 그것은 장난처럼 그려놓은 낙서가 아니라 하나하나가 완성도 높은 작품이었다. 마치 동네 전체가 하나의 거대한 미술관 같은 느낌이 드는 곳이었다.

그렇게 작품 관람에 심취하며 동네를 구경하다 보니, 어느덧 두 시간이 훌쩍 지나버렸다. 쉬지 않고 가파른 산동네를 오르내려서인지 체력은 고갈되고 갈증도 심해졌다. 웬일인지 그 동네는 마트나 편의점을 찾아보기가 힘들어서 두 시간 동안 생수한 병을 사지 못하고 걷기만 했다. 그러던 찰나, 운 좋게 조그맣게 'JUICE'라고 쓰여진 간판을 발견했다. 일단 뭐라도 마시자는 생각에 곧장 가게로 들어갔다.

간판만큼이나 작은 가게에서는 홀로 계시던 아주머니가 웃는 얼굴로 나를 맞아주었다. 내가 무엇을 먹을지 고민하자 아주머니는 딸기가 맛있다며 냉큼 딸기를 한 움큼 집어 믹서기에 갈았다. 그러면서 주스를 만드는 동안 어디서 왔냐, 날씨는 안 덥냐, 단것은 좋아하냐며 이런저런 것들을 물어보셨다. 그렇게 또 생전 처음 보는 누군가와 신나게 수다를 떨었다.

주스를 받아 들고 나올 때 나는 이 공간이 더 이상 작지 않다고 느끼게 되었다. 가게는 아주머니의 마음만큼이나 넓어 보였다. 그리고 내 손에 들려 있는 이 주스도 단돈 몇 푼짜리 음료가 아닌 것처럼 느껴졌다. 그것은 갈증을 채우기보다 마음 한구석의 더 깊은 곳을 채워주는 위로의 딸기주스였다.

컨셉시온 언덕을 내려와 해가 저물도록 아무렇게나 동네를

너의 삶도 조금은 특별해질 수 있어

돌아다녔다. 숙소로 돌아가는 방향이었지만 발길이 닿는 곳이라면 어디든 가보았다. 높이 솟은 야자나무, 하굣길에 몰려나온 학생들, 거리에서 파는 간식, 특이한 디자인의 술집, 낡고 허름한 병원, 창고 형태의 큰 대형마트, 그리고 숙소 근처의 정육점까지.

　　요즘에는 숙소에서 요리를 해먹는 일이 부쩍 늘었다. 그래서 걷고 구경하면서 틈틈이 요리할 만한 재료를 구매했다. 저녁시간이면 숙소 주방에는 나 말고도 다른 여행객들이 요리를 하기 위해 몰리기 때문에 심심하지 않게 저녁을 먹을 수 있다. 요리를 하는 동안 서로 이야기를 나누고, 가끔은 함께 앉아서 서로가 만든 요리를 먹어보기도 한다. 조금 번거롭더라도 이렇게 사람들과 함께 먹는 것이 더 재밌고 맛도 좋았다.

너의 삶도 조금은 특별해질 수 있어

그래서 오늘도 요리를 하기 위해 들른 정육점. 저녁 메뉴를 정하려고 둘러보았는데 모든 고기가 신선해 보였다. 결국 두루치기를 하기로 마음먹고 돼지고기를 반근 정도 주문했다. 그런데 고기를 썰어주시던 아저씨께서는 이전의 주스가게 아주머니만큼이나 쉴 새 없이 말씀을 이어나가셨다. 표정은 조금 무뚝뚝했지만 고기가 맞는지 재차 확인하시고, 또 무엇이 걱정되셨는지 잘 알지 못하는 스페인어로 열심히 설명해주셨다.

그런데 가만히 서서 아저씨의 말을 듣다가 갑자기 와락 하고 가슴이 뭉클해졌다. 언어는 분명히 달랐지만, 그 말이 왠지 밥 잘 챙겨먹고 다니라는 아버지의 잔소리처럼 느껴진 것이다. 아저씨가 건넨 말 속에는 토닥거리는 위로의 손길이 함께 담겨 있었다.

발파라이소 전체에서는 이런 포근한 마음들이 흐르고 있었다. 그래서 머무는 동안 나는 혼자라는 기분이 들지 않았다. 어디에 가더라도 가족과 친구를 만나는 기분이었다. 그건 맥주 하나, 아이스크림 하나를 사더라도 느낄 수 있었다. 따뜻한 말 한마디와 진심이 담긴 눈빛은 지구 반대편에서 날아온 낯선 한국인 청년에게는 큰 위로가 되어주었다. 그들에게는 당연할 수도 있는 작은 마음이 나에겐 잊지 못할 고마움이었다.

그것이 얼마나 따듯했는지, 그리고 그곳에서 내가 얼마나 행복했는지.

그 모든 것은 사진에 고스란히 담겨 있었다. 발파라이소에서 찍었던 사진을 정리하다 보니 사진 속에서의 나는 다른 도시와 비교할 수 없을 정도로 해맑게 웃고 있었다. 여기선 유난히 사람들과 함께 찍은 사진이 많았던 이유도 다 사진 속에 담겨 있었다.

'나는 참 행복했구나. 그리고 나는 참 행복한 사람이구나.'

너의 삶도 조금은 특별해질 수 있어

20

하룻밤에
천만 원을 버는 방법

알가로보 Algarrobo, Chile

"세계에서 가장 큰 수영장은 어디일까?"

아마 이 질문에 답할 수 있는 사람은 거의 없을 것 같다. 이름은 물론이고 어느 나라에 있는지조차도 모를 것이다. 우리가 세계에서 가장 긴 성은 만리장성인 것을 알고 세계에서 가장 높은 빌딩이 브루즈칼리파인 것은 알아도, 세계에서 가장 큰 수영장이 어딘지에 대해서는 굳이 관심을 갖지도 않고 알아보려고 하지도 않는다. 그런데 산티아고 인근에 위치한 알가로보라는 작은 도시. 변변한 버스터미널도 없고 주변에 관광객은커녕 걸어 다니는 사람도 없는 이 촌구석에 세계에서 제일 큰 수영장이 있다.

힘겹게 도착한 리조트는 비싼 가격에 비해서는 상당히 평범했다. 그동안 남미에서 머물렀던 숙소는 1박에 평균 만오천 원 정도였다. 보통 8인이 사용하는 호스텔의 경우 저렴한 곳은 7천 원 정도인 곳도 있었고, 조금 좋은 곳에 독방을 써도 3만 원을 넘기는 경우는 없었다. 그런데 알가로보의 숙소는 평소 가격의 20배 가까이 되는, 내 남미여행에서 가장 비싼 숙소였다.

그래도 수영장 이용가격이 포함된 것이라 위안을 삼으며, 리조트에 도착하자마자 짐을 대충 던져놓고는 수영복을 입고 밖으로 나갔다. 한눈에 흘깃 보아도 수영장은 그야말로 압도적이었다. 길이가 1킬로미터가 넘는 수영장은 정말로 끝이 다 보이지 않을 정도로 어마어마한 크기였다. 게다가 도저히 깊이가 가늠이 안 되는 수영장은 약간 무서워 보이기까지 했다. 수영장 한편에는 보트도 여러 대 떠 있어서 하나의 거대한 호수처럼 보이기도 했다. 수영장 뒤로는 바로 남태평양의 넓은 바다가 펼쳐져 있었고 철썩이는 파도소리가 곧잘 들려왔다. 바다 앞엔 모래해변이 있었지만 리조트에서는 마치 수영장과 바다가 하나로 연결된 것처럼 보였다.

하지만 무엇보다 좋았던 점은 사람이 한 명도 없었다는 것!

'일찍 체크인을 했더니 사람이 하나도 없구나!'

정말 이 넓은 수영장에 나 혼자라니. 이게 웬 떡이냐 싶었다.

너의 삶도 조금은 특별해질 수 있어

수영장은 물론이고 모래사장에도 사람들은 없었다. 이런 곳에 오면 늘 북적이는 사람들로 좋은 사진 건지기가 하늘의 별 따기였는데, 오늘은 운이 좋은 날이었다. 한 치의 망설임도 없이 삼각대에 타이머를 맞추고는 열심히 사진 작업에 몰두했다.

그렇게, 10분, 20분, 30분, 그리고 1시간.

그런데 왜 이렇게 사람들이 안 나오지? 느낌이 이상했다.

혼자서 아무리 사진을 찍으며 시간을 보내도 사람들은 계속 보이지 않았다. 혹시나 하는 마음에 수영장 끝에서 끝까지 1킬로미터를 넘게 걸어갔는데도 만난 사람이라고는 하얀 가운을 입은 리조트 직원들이 전부였다. 그때까지만 해도 작았던 나의 의심이 확신으로 바뀌었던 순간은 바로 수영장에 발을 담갔을 때였다. 이왕 이렇게 된 것 혼자라도 물에 들어가보자는 심산으로 발을 담갔는데, "으악!" 깜짝 놀라서 하마터면 심장마비에 걸릴 뻔했다. 물이 얼음장처럼 차가운 것이었다.

'어쩐지, 이래서 사람이 없었구나.'

그랬다. 지금은 비수기였다. 한마디로 나는 한겨울에 비싼 돈을 내고 수영을 하겠다고 온 멍청이였던 것이다. 아무리 사전정보 없이 다닌다고는 하지만 이번처럼 난감한 적은 처음이었다.

그 뒤로 두세 시간이 흘러도 수영장에 들어가는 사람은 단 한 명도 없었다. 가끔씩 이곳에 거주하는 사람들이 지나가기는 했지만, 수영장 근처에 얼씬거리는 생명체는 오직 나, 그리고 몇 마리의 갈매기가 전부였다. '끼룩끼룩'. 돈이 아까우니 다른 시설이라도 이용하려고 헬스장, 레스토랑 등 모두 찾아갔지만, 전부 'CLOSE'.

아, 망했다….

하지만 이렇게 주저앉아 슬퍼할 수만은 없었다. 내가 여기에 오기 위해 얼마나 큰돈을 투자했던가. 이렇게 된 이상 얼어 죽더라도 신나게 놀아야겠다는 마음이 들었다. 그리고 내가 언제

또 세계에서 제일 큰 수영장에서 혼자 놀아볼 기회가 생기겠는가? 아마 이 정도 수영장을 하루 종일 통째로 빌리려면 적어도 천만 원 이상은 주었어야 했을 것이다.

'그래 난 로또에 당첨된 것이다! 난 지금 천만 원을 번 거라구!!'

그렇게 마음을 먹으니, 갑자기 재벌 2세라도 된 기분이었다. 물론 아무리 재벌 2세라도 이가 덜덜 떨리는 차가운 물에서는 10분 이상 놀기는 힘들었지만.

리조트 주변의 식당이나 마트도 모두 문을 닫아서, 결국 리조트에서 있던 재료로 혼자 요리를 해먹고 나왔다. 저녁이 되자 기온이 뚝 떨어져서 오랜만에 가방에 접어넣었던 패딩을 다시 꺼내 입었다. 리조트 밖엔 휘잉휘잉 바람이 세차게도 불었다. 바람은 얼굴로 느껴지는 것과는 다르게 잔잔한 물결을 그리며 바닷가 쪽으로 밀려나갔고, 파도소리는 마치 콘서트 홀처럼 텅 빈 공간 전체에 울려 퍼졌다. 어둠이 내려앉은 텅 빈 수영장은 굉장히 쓸쓸했다.

남미에서 가장 외로웠던 순간이었다.

어디를 가든 혼자 밥도 잘 먹고 혼자 잘만 돌아다녔는데, 이곳에서는 혼자라는 것이 왠지 가슴 먹먹하게 다가왔다. 가장 비싼 숙소에 머무르고 있는데도 전혀 기쁘지 않았다. 마음 같아서는 지금이라도 당장 짐을 싸서 다른 도시로 떠나고 싶었다. 부자가 되어본 적은 없지만 아무리 돈이 많아도 이렇게 혼자인 삶은 역시 행복하지 않을 것 같다는 생각이 들었다. 실제로 누군가 이런 천만 원짜리 수영장을 빌려준다고 해도 나는 다시 오지 않을 것 같다.

생각해보면 확실히 돈은 내게 그렇게 중요한 가치는 아니었다. 나에게 물질적인 것들이 더 소중했다면, 아마 이렇게 남미로 떠나오지도 못했을 것이다.

나에게는 돈보다 꿈이 중요했다. 그리고 어떤 타이틀보다도 나의 행복이 우선이었다. 평소보다 월급이 두세 배나 많았던 인도에서 뛰쳐나왔고, 평생 안정적으로 돈을 벌 수 있는 공기업도 때려쳤다. 남들은 놀라기도 하고 감탄하기도 했지만, 사실상 사표를 쓴다는 것이 그렇게 대단한 것도 아니었고 나에게 있어서 엄청난 선택을 한 것도 아니었다. 세상 그 누구도 더 좋은 것을 포기하는 미련한 사람은 없는 것처럼 나도 내 기준에서 옳은 선택을 했을 뿐이다.

결국 지금 내가 겪어가는 선택의 결과가 나에겐 더 소중한 것들이었다.

역시 변하지 않는 가치를 사랑할 때 삶은 조금 더 행복해진 다는 생각이 든다. 과거에도 그랬지만 지금 이곳에서 그런 과거 의 다짐들이 더 절실하게 와 닿았다. 눈에 보이는 것들이 주는 즐거움은 아주 잠깐이었다. 마치 내가 이 수영장에서 잠시나마 행복했던 것처럼 말이다.

여행을 하면서 내 삶의 방향은 조금씩 선명해지고 있다. 앞 으로 여행을 마치고 한국에 돌아가서 어떻게 살아야 할지도 알 것 같다. 비록 그것이 세상 사람들이 보기에는 미련하고 다른 사람들의 기준에서 한참 벗어나더라도, 나는 그 조금의 다름이 옳음이라고 믿고 그 길을 걸어가고 싶다.

세계에서 제일 큰 수영장에 혼자 서서 저물어가는 해를 바라 보았다. 태양이 보이는 것은 아니었지만 하늘에서 수평선까지 이어지는 그러데이션으로 어느 정도 위치를 가늠할 수 있었다.

'그래도 노을만큼은 아름답구나.'

태양이 완전히 사라져 주변이 온통 어두워질 때까지 그 자리 에 그대로 서 있었다. 이곳에 서 있으나 숙소로 돌아가나 어차 피 혼자인 건 매한가지였으니까, 굳이 서둘러 들어갈 필요는 없 었다.

그렇게 남미에서의 가장 외롭고 호화로운 하루가 지나갔다.

인생은 반드시 정답이 있는 시험이 아니다.

반드시 결과를 제출해야 하는 숙제가 있는 것도 아니다.

세상에서 쏟아지는 질문들에 내가 모두 답을 할 필요는 없다.

내 인생에 대한 물음은 내가 하는 것이고 그 답도 내가 찾아야 한다.

여행을 한다는 것은 그 답을 찾아가는 과정이었다.

너의 삶도 조금은 특별해질 수 있어

#21

비행기에서 떨어질 때 기억할 것들

푸콘 Pucon, Chile

남미에서만 벌써 두 번째의 경비행기!

하지만 오늘은 도저히 비행기라고는 볼 수 없을 정도로 상태가 심각했다. 좁은 비행기는 운전석을 제외하고 아무것도 없는 그냥 고철 덩어리였다. 의자는 고사하고 심지어 문도 없었다. 3명의 민간인과 3명의 베테랑은 둘씩 짝을 맞추어 차례로 좁은 깡통 안에 몸을 구겨넣었다. 일면식도 없이 생판 처음 보는 사람들이었지만 서로의 숨결이 느껴질 정도로 몸을 맞대고 있었다. 그렇게 어색한 공기 속에서 비행기는 아무런 준비신호도 없이 그대로 하늘로 날아올랐다.

고도가 높아질수록 뻥 뚫린 곳으로 들어오는 바람은 점점 차가워졌다. 콧물이 찔끔 삐져나왔지만 당장이라도 옆으로 굴러떨어질 것 같은 비주얼에 콧물을 닦을 정신도 없었다. 그래도 아무런 막힘 없이 눈으로 바로 보이는 풍경만큼은 아름다웠다. 비행기로 들이치는 차가운 바람만큼이나 속이 시원해지는 풍경이었다.

어느덧 비행기는 눈 덮인 화산 앞까지 도착했다. 마을에서 멀게만 보였던 분화구가 바로 코앞까지 가까워졌다. 얼마나 가까운지 산에 있는 숨구멍까지 다 보이는 것 같았다. 이것은 멀리서 산을 바라보거나 등산을 할 때와는 또 다른 풍경이었다. 그동안 내 시각에 존재하지 않았던 새로운 카메라가 추가된 기분이랄까? 가장 적나라하면서도 매혹적인 산의 모습을 볼 수 있는 순간이었다. 손에 잡힐 듯한 거리의 산은 왠지 꿈틀꿈틀 움직이는 것처럼 보였다. 눈이라 그저 매끄러울 줄만 알았는데, 꼭대기에서부터 촘촘하게 여러 갈래로 이어진 선들이 마치 우리 몸 속의 혈관들을 보는 것 같았다.

출발할 때만 해도 걱정이 이만저만이 아니었는데, 막상 산을 보고 있으니 오히려 빨리 뛰고 싶은 생각이 들었다. 왠지 저 하얀 눈 위에 내려앉으면 그대로 마을까지 미끄러져 내려갈 수 있을 것만 같았다.

너의 삶도 조금은 특별해질 수 있어

드디어 정적을 뚫고 다이버의 목소리가 들려왔다. 결전의 순간이 온 것이다. 다시금 심장이 콩닥거렸다. 다이버의 무릎 위에 앉아서 머리로 뛰는 요령을 상기시켜보았다. 꿈이 현실이 되는 순간이었다. 꿈에서 느꼈던 '하늘을 나는 기분'이라는 것이 실제 현실에서는 어떨지 전혀 감이 잡히지 않았다. 그러는 사이 옆에 있던 두 사람이 순식간에 사라져버렸다. "악" 하는 비명소리가 1초도 안 되어서 깊은 밑바닥까지 꺼져버렸다.

이제는 내 차례였다.

뻥 뚫린 문 앞에 앉아 고개를 들자 설산이 나를 정면으로 마주보고 있었다. 이미 두 다리는 대롱대롱 공중에 떠 있었다. 발 아래 펼쳐진 아찔한 푸콘을 보는 대신 심호흡을 하고 새하얀 눈에 시선을 고정했다.

"준비됐지? 하나, 둘, 셋 하고 뛰는 거다. 알겠지?"

손가락으로 오케이 사인을 그려 보여주자 다이버는 숫자를 세기 시작했다.

"원, 트…"

셋까지 세고 뛴다더니!! 순 거짓말이었다.

둘도 되기 전에 몸은 내 의지와 상관없이 공중으로 내던져졌다. 조금 전까지 앞만 보이던 세상이 360도 전방위로 어마어마한 풍경을 펼쳐놓았다. 번데기 안에 있다가 날아오른 나비처럼

아주 작은 공간에 구겨져 있던 세상이 환해지면서 모든 풍경이 한눈에 들어왔다. 헬기에서 뛰어내리는 순간은 무섭고 짜릿할 것이라는 예상과는 달리 차분하고 평온했다. 찰나의 순간이 모두 슬로모션으로 기억에 남아 있을 만큼 생각보다 아주 느리게 떨어졌다.

그러나 눈을 한 번 깜박이자 마법은 사라지고 순식간에 속도가 붙기 시작했다. 거대한 중력이 그대로 나를 지구 중심으로 잡아당겼다. 그것은 마치 커다란 진공청소기로 나를 빨아들이는 느낌이었다. 아무리 몸부림을 쳐도 다른 곳으로 도망가거나 움직일 수도 없이 그냥 계속 아래로 떨어지는 것뿐이었다.

나의 첫 스카이다이빙! 그것은 세상의 어떤 놀이기구보다 짜릿하고 흥분되는 일이었다.

두려움과 공포는 비행기에 두고 내린 짐처럼 뛰어내린 순간부터 사라져 있었다.

　사전에 약속한 대로 다이버가 어깨를 치자 새처럼 팔을 양옆으로 쭉 뻗었다. 기분 탓인지는 모르겠으나 팔을 펴는 순간에 살짝 위로 날아오른 느낌이었다. 양팔을 파닥거린다고 새처럼 이동할 수 있는 것은 아니었지만, 그래도 바람의 저항이 더 크게 느껴져 나는 것 같은 기분이 들었다. 설산은 여전히 내 눈앞에 있었고 떨어지는 것이 느껴지지 않을 만큼 도시의 풍경들은 제자리 걸음이었다. 하지만 고개를 떨구면 엄청난 속도감이 밀려왔다. 그대로 지구와 충돌할 것 같아서 발가락 끝이 찌릿찌릿거렸다.

얼마나 시간이 지났을까, 일정 고도 이하로 떨어지자 낙하산이 펼쳐지며 누군가 잡아당긴 것처럼 몸이 위로 솟구쳤다. 패러글라이딩 경험은 많아서 오랜만에 토글(조정손잡이)을 잡고 요리조리 조정하며 처음 출발했던 곳까지 이동했다. 토글을 다이버에게 넘기고 무사히 발이 땅에 닿게 되니 약간은 허무한 기분이 들었다. 황금 같은 주말이 끝나고 맞이한 월요일 아침처럼 꿀꿀한 기분이었다. 정말 내가 저 위를 날았다니, 아니 떨어졌다니. 아직도 믿기지 않았다. 어릴 적 꿈속에서만 펼쳐졌던 장면을 현실로 이루고 나니 오히려 현실이 꿈만 같았다.

결국 이렇게 다시 출발점으로 돌아왔다.

떨어진다는 것은 어디론가 추락하는 것이 아니라 원래의 자리로 돌아오는 것이었다.

스카이다이빙은 상상과 정반대였다. 내려오는 일은 무섭기보다 오히려 마음이 편했고, 올라갈 때에는 두렵고 힘겨웠다. 올라갈 땐 떨어질 것에 대한 걱정이 가득했지만 내려올 땐 그런 걱정이 모두 사라져 있었다. 긴 시간을 추위와 싸우며 좁은 공간에서 웅크리고 있던 몸이 넓은 공간으로 던져지면 추위와 속도를 모두 잊을 만큼 자유로운 기분이 든다. 하지만 자유롭다고 내가 무언가를 할 수 있는 것은 아니었다. 아무리 발버둥을 쳐도 떨어지는 것을 막을 순 없었다.

올라가는 방법과 속도는 다르더라도 비행기를 떠나는 순간엔 누구나 예외 없이 동일하게 떨어진다. 아무도 다시 위로 날아오를 수 없었고, 어느 누구도 자신이 올라간 속도보다 천천히 떨어질 수는 없었다. 올라가면 언젠가는 내려와야 하고, 끝까지 내려와야 다시 올라갈 수도 있었다.

올라가는 건 조금 힘들어도
마음만 먹으면 할 수 있는 일이었다.

중요한 건 내려와야 할 때
무사히 착지할 수 있는가였다.

오르는 건 시간이 걸리지만
떨어질 땐 정말 한순간이니까.

결국 스카이다이빙도, 등산도, 사는 것도
내려가는 시간들을 잘 겪어내는 것이 중요했다.

하지만 아무것도 할 수 없는 그 순간에도 딱 하나, 내가 결정할 수 있는 것이 있었다.

바로 나의 시선이었다. 떨어지고 있다는 상황은 변함이 없었지만 내가 어디를 보느냐에 따라 세상은 전혀 다르게 보였다. 고개의 방향만 바꿨을 뿐인데 체감속도가 완전히 달랐다. 고개를 숙여 땅만 쳐다보면 정말 곤두박질쳐지는 기분이었지만, 고개를 들어 푸콘의 하얀 설산과 반짝이는 호수를 바라보면 마음이 편해지고 세상도 아름다워 보였다.

어떻게 보느냐에 따라 생각과 마음도 달라지는 것, 그것이 스카이다이빙의 매력이었다.

'지금의 나도 달라질 건 하나 없겠지. 하지만 내가 가야 할 곳을 똑바로 보고 간다면 생각보다 상황은 긍정적일 거야. 당장 내일 무슨 일이 벌어질지 알 수는 없지만, 내가 바라보는 곳으로 나의 여행은 흘러갈 거야. 그리고 내가 생각하고 마음먹은 것들은 반드시 현실로 이루어질 거야!'

온몸으로 숨쉴 수 있는 힐링스팟

푸콘은 온 동네가 겨울의 기운을 내뿜고 있다. 맑고 시원한
공기는 캐나다 로키산맥 부근에서 맡았던 것과 흡사했고, 전체
적인 분위기는 스위스 마테호른 아래쪽의 마을과 닮아 있었다.

하늘은 너무 맑아서 부
정적인 생각이 조금도
들지 않는 날씨였다.

외곽도로 부근에는
짙은 낙엽의 향기가 가
득하다. 그렇게 한 시간

정도를 나무들의 몸내음에 취해 달리다 보면 깊은 산자락 아래 위치한 청량한 온천을 만날 수 있다. 남미에서도 한 달에 두세 번은 갈 정도로 난 온천을 사랑했다. 그동안 특별히 온천을 언급한 적은 없었지만, 푸콘의 온천만큼은 남들에게 자랑하고 싶었다.

특히 이곳의 공기는 대단히 맛있다. 자연 한가운데서 산림욕을 하고 있으면 마치 코가 아닌 온몸으로 숨을 쉬는 것 같은 느낌이다. 거기에 따뜻한 온천수까지 더해지면 긴장은 저절로 풀리고 나도 모르게 모든 걱정들을 내려놓게 된다.

바로 이곳, 푸콘에 남미 최고의 '힐링스팟'이 숨어 있다!

#22

고립 5시간째,
누가 좀 구해줘!

칠로에 섬 Isla Grande de Chiloe

여행을 하다 보면 유독 운수 대통한 날이 있는 반면 뭘 해도 안 되는 순간들이 있다. 칠로에 섬으로 떠나는 여행도 뭔가 시작부터 그런 예감이 들었다.

푸에르토몬트 시내에 있는 렌터카 회사를 전부 돌아다녀 어렵사리 구한 렌터카는 기능이 썩 좋아 보이지 않는 수동차량이었다. 유럽에서와 마찬가지로 해외에선 의외로 오토차량이 많지 않기 때문에 뭐 그리 놀랄 만한 일은 아니었다. 하지만 몸이 적응하는 데는 시간이 필요했다. 오랜만에 맞이한 수동기어는 출발부터 삐걱거렸다. 차를 인수한 지 10분 만에 시동을 다섯 번은 꺼트린 것 같다. 도로 한가운데 멈춰서 버벅대는 내 차량은 그야말로 민폐였다.

그래도 왕년에 운전병이어서 그런지 금방 감을 잡고는 룰루랄라 신나게 마트로 향했다. 먼 길을 떠나기 전에 식량을 충분히 사두고 싶어서였다. 짐을 한 보따리 들고 와 뒷좌석에 던져두고는 시동을 걸었는데 어딘가 차가 이상했다. 키를 아무리 힘껏 돌려보아도 엔진은 잠잠하기만 했다.

알고 보니 배터리방전. 차를 받을 때 이미 전조등은 켜져 있었고 내가 마트를 다녀온 사이 배터리가 방전되어버린 것이었다. 결국 출발한 지 1시간도 안 돼서 긴급출동 서비스를 받고 차를 살려냈다. 시작부터 계속되는 난항에 마음 한구석이 석연치 않았다.

칠로에 섬으로 가는 여정은 꽤나 재미있다. 푸에르토몬트에서 서남쪽으로 한 시간을 달려 항구에 도착하면 그대로 배에 차를 싣는다. 그렇게 한 시간이 또 지나고 배의 문이 열리면 칠로에 섬의 여행이 시작되는 것이다.

섬의 중심인 카스트로까지 가기 위해 본격적으로 엑셀을 밟았다. 도로는 끝이 보이지 않을 정도로 시원하게 뻗어 있었고, 교통체증 하나 없이 뻥 뚫려 있었다. 한국에서 출퇴근길에 운전하는 것은 지루하고 답답하기만 했는데, 칠로에의 풍경 위에 살포시 올려놓은 자동차는 너무도 자유롭고 시원스러웠다. 불과 몇 달 전까지 외제차로 서울의 꽉 막힌 도로를 달리는 것보다 똥차라도 칠로에 섬에서 달리는 것이 훨씬 더 신나고 즐거웠다.

진정한 드라이브의 필수품은 좋은 차가 아니라 역시 좋은 풍경이다.

'아, 이런 게 운전하는 맛이지!'

남미에서 사람 바글바글한 대중교통을 타고 다니는 것도 좋았지만, 렌터카는 여행의 또 다른 멋이었다. 가끔은 이렇게 누구의 방해도 받지 않고 혼자만의 공간을 누리며 달리는 것도 기분 좋은 이동방법인 것 같다. 마치 주변의 모든 풍경들이 나만을 위해 준비된 것 같은 최고의 기분이었다. 그간 알게 모르게 쌓여왔던 설움을 보상이라도 하듯이 차량은 점점 속도를 높여 도로를 질주했다. 네모난 창으로 보이는 풍경들이 빠르게 지나갈수록 자유로움은 두 배, 세 배가 되었다.

첫날 칠로에 섬에 도착해서의 몇 시간을 제외하고는 날씨가 계속 좋지 않았다. 그날도 아침부터 조금씩 비가 내리고 있었다. 괜찮아질 것이라는 믿음을 가지고 국립공원으로 차를 몰았지만 비는 더 거세져 폭우가 되어버렸다. 거기에 안개까지 더

해져 국립공원으로 들어가는 길은 쉽지 않아 보였다. 그래도 한 번 시작하면 끝을 보는 성격인지라 일단 갈 수 있을 때까지 차를 몰아보기로 했다. 산은 이미 축축해져 진흙길로 변해 있었고 자갈은 미끌거려 주행을 불안하게 했다.

그런데 기어코 일이 터지고 말았다. 어떻게 손 쓸 겨를도 없이 차가 순식간에 언덕을 내달렸다. 갑자기 나타난 가파른 경사에 순간적으로 '아차' 싶었지만, 1초 만에 이미 돌이킬 수 없을 정도로 차는 굴러가버렸다. 일단 내려가서 차를 세우고는 뒤를 확인했지만, 이 고물 이륜 자동차로 언덕을 오르는 것은 쉽지 않아 보였다. 혹시나 앞쪽에 다른 길이 있을까 싶어 가보았는데 누가 일부러 그런 것처럼 앞쪽은 철창으로 막혀 있었다.

결국 나에게 남은 선택은 이 비탈길을 다시 오르는 것뿐이었다.

호흡을 가다듬고 기어를 1단에 맞춘 다음에 최대한 멀리서

부터 엑셀을 밟았다. 탄력을 받은 자동차는 언덕을 힘차게 오르는 듯했지만 반의반도 못 가서 멈춰버렸다. 천천히 후진으로 내려가 다시 시도해보았지만 역시나 같은 자리에서 더 오르지 못하고 덜덜 떨리며 검은 연기를 내뿜었다. 차에서 내려 미끄러진 자리를 확인했다. 아직 밖에는 차가운 비바람이 몰아치고 있었지만 난 이미 식은땀으로 몸이 흠뻑 젖어 있었다.

어떻게든 탈출해보려고 미끄러진 곳의 자갈을 일일이 치우고 부러져 있던 커다란 통나무를 끌고 와서 그 자리에 받쳐놓았다. 다시 크게 한숨을 내쉬며 있는 힘껏 엑셀을 밟았다. 보수한 그 지점을 지나 이번엔 3분의 1까지는 올라왔다. 하지만 차는 또 멈춰 서서 헛바퀴를 돌며 고무 타는 냄새를 진동시켰다. 결국 다시 후진으로 내려갔다.

다시 비를 맞으며 돌을 치우고, 나무를 깔고.

기어를 1단에 맞추고 심호흡을 하고 다시 도전.

또다시 실패. 후진으로 언덕 아래로 복귀.

한 시간 동안 같은 작업을 네 번이나 반복했다. 그리고 드디어 차가 3분의 2 지점을 넘어서까지 언덕을 올라왔다. 앞으로 한 번만 더 하면, 이 지옥 같은 비탈길을 탈출할 수 있을 것 같았다.

'진짜 마지막이다. 마지막으로 딱 한 번만 더!'

드디어 탈출의 희망이 보였다. 그리고 비탈길을 내려가기 위해 후진을 하는데… 어, 어? 똑바로 내려가야 할 차가 옆으로 계속 미끄러지는 것이었다. 비탈길 양옆에는 수로처럼 커다란 구덩이가 있었기 때문에 혹시라도 빠졌다가는 영영 차가 못 나올 수도 있는 상황이었다. 마지막 순간에 바퀴가 미끄러져 차가 틀어지는 바람에 앞으로는 1센티미터도 가지 못하고, 뒤로는 점점 차가 수렁으로 굴러갈 뿐이었다. 눈앞이 캄캄해졌다. 더 이상 내려갈

수도 올라갈 수도 없다니.

'결국엔 이 사달이 나는구나. 아, 시작부터 찝찝하더라니…'

일단 멈춰서 차를 버려두고는 빗길을 걷기 시작했다. 살려면 무조건 걸어야 했다. 구조를 요청하기 위해서는 적어도 휴대폰 신호가 잡히는 곳까지는 나가야 했으니까. 비는 계속 내렸고 온몸은 진흙투성이였다. 우산이 있었지만 쓸 여력도 없었고 진흙을 닦아낼 힘도 없었다. 다른 걸 신경 쓸 기분도 아니어서 그대로 비를 맞으며 20여 분을 걸었다.

드디어 한 칸! 미세하게나마 신호가 잡혔다. 간절한 마음으로 렌터카 회사에 전화를 걸었고, 다행히 트럭을 보내준다는 답변을 들을 수 있었다. 나는 불안한 마음에 빗속에서 그를 기다리기 시작했다. 다시 차에 들어가고 싶지도 않았지만, 워낙 외진 곳이라 조금이라도 더 눈에 잘 띄는 곳에서 기다리고 싶었다.

그리고 한 시간, 두 시간, 세 시간.

아무리 기다려도 보내준다던 트럭은 감감무소식이었다. 그 사이 몇 차례 더 전화를 해보았지만, 돌아온 대답은 기다리라는 말이 전부였다. 아침부터 한 끼도 못 먹은 탓에 배는 고팠고 목도 말랐지만 음식을 구할 곳은 없었다. 비는 이렇게 많이 오는데 내가 마실 수 있는 물은 없었다.

그렇게 기다린 지 4시간째(고립된 지는 5시간), 드디어 고요하던 산속에 요란한 엔진소리가 들려왔다. 마치 영화 〈트랜스포머〉의 옵티머스처럼 육중한 트럭이 후광을 내면서 나에게 다가왔다. 지구는 못 구하더라도 내 똥차는 확실히 구해줄 것 같았다. 이젠 살았구나 싶었다.

쇠사슬을 연결해 똥차를 언덕에서 끄집어내는 순간 눈물이 핑 돌았다. 진짜로 살아났다는 안도감에 나도 모르게 아저씨를 와락 끌어안았다. 그렇게 5시간 만에 죽음의 늪에서 빠져나왔다. 하루를 완전히 망쳤다는 생각보다 그저 살아 나왔다는 것에 감사했다. 만약에 아무도 오지 않아서 추운 산속에서 밤을 지새거나 몇 십 킬로미터를 걸어 시내로 나갔을 생각만 하면 지금도 몸서리쳐질 정도로 끔찍했다. 지금 이 순간엔 그냥 따듯한 물에 샤워하고 숙소에서 푹 쉬고 싶었다.

하루를 완전히 망쳐버린 최악의 날이었지만, 샤워를 마치고 침대에 누우니 또 별것 아닌 것 같다. 5시간을 추위에 떨었던 게 언제였나 싶을 정도로 머릿속에서는 벌써 오늘의 고생을 지워버렸다. 힘들었던 감정이 사라지고 나니 남는 건 추억뿐이었다. 어이없었던 칠로에 섬에서의 사고가 조금은 뿌듯하기도 했다. 마치 남미에 도착한 첫날 배낭을 잃어버렸을 때와 비슷한 감정이었다.

최고로 아름다운 마을이라는 칠로에 섬에서 맑은 하늘 한 번 제대로 보지 못하고 이렇게 생고생이라니. 다른 사람들은 돈 주고도 못할 경험일 것이다. 칠로에 섬에서 렌터카를 빌렸다가 고립되어 구조된 한국인이 어디 나 말고 또 있을까 싶다.

어느 날은 이렇게 최악의 경험을 하고 또 어느 날은 영화처럼 황홀한 최고의 경험을 하기도 한다. 하루하루 기분이 천국과 지옥을 오가는 것 같지만 막상 돌이켜 생각해보면 그 경험의 가치는 종이 한 장 정도의 차이인 것 같다. 훗날 나에게 더 의미 있었던 추억을 떠올려보라고 하면 그것이 반드시 최고의 순간만은 아닐 것이다. 마치 남자들이 힘들었던 군시절을 장난처럼 추억하듯이 짜증나고 힘들었던 시간도 나중엔 웃으며 추억할 수 있다.

과연, 나를 성장시켜주는 건 최고의 추억일까, 최악의 추억일까?

확실히, 고생하며 지나온 경험들은 기억에 오래 남는다.
나중에 우리를 다시 일으켜주는 것도 이렇게 버텨낸
힘든 시간들일 것이다. 쉽게 얻어진 것들은 또 쉽게 잊힌다.
하지만 힘들었던 시간들은 영광의 상처처럼 머릿속에 영원히
흉터로 남는다. 우리를 성장시켜주는 흉터로.

이렇게 나에겐 오늘 또 하나의 훈장 같은 상처가 생겼다.

너의 삶도 조금은 특별해질 수 있어

♯23

혹시 비를 좋아하시나요?

푸에르토나탈레스 Puerto Natales

"너 내일 토레스델파이네 가니?"

"글쎄… 비가 안 오면 가겠지만, 오늘처럼 비 오면 못 가지 않을까?"

"왜? 무조건 가야지! 비도 자연이야, 여행의 일부라고. 넌 비가 무섭니?"

"으…음… 비 오면 춥고 걷기 힘드니….."

"그건 그냥 물일 뿐이야. 비 맞은 건 털어버리면 그만이라고."

생각해보니 호스텔 주인아저씨의 말도 맞는 것 같았다. 연일 계속되는 비로 인해 숙소에서 세 끼를 모두 해결하는 '삼식이'가 된 나에게 호스텔 아저씨는 멋진 토레스델파이네의 절경을 보여주고 싶었나 보다.

하긴 이 파타고니아 지역엔 트레킹을 하지 않으면 올 이유가 없다고 할 정도로 멋진 풍경을 자랑하는 산들이 있었다. 특히 이곳 푸에르토나탈레스에는 토레스델파이네의 W트레킹이 유명해서 산을 좋아하는 사람들은 4~5일씩 산장에 머물며 트레킹을 하곤 했다. 비록 나에게는 그럴 만큼의 산에 대한 애정은 없었지만, 아저씨의 한마디에 당일치기로도 가능한 '삼봉(토레스델파이네에서 가장 유명한 세 봉우리가 보이는 지점)'에 오르고 싶은 의욕이 생겼다.

다시 마트에 나가 내일의 트레킹을 위한 물과 간식, 초콜릿, 그리고 식재료를 사왔다. 산에는 당연히 사먹을 곳이 없을 테니 8시간을 버틸 수 있는 식량이 필요했다. 어린 시절의 추억을 되살려 감자와 달걀을 삶아 모두 으깬 다음 마요네즈와 버무려 샌드위치를 만들었다. 종이로 곱게 싸서 호스텔 주방의 공용냉장고 한구석에 넣어두고는 남은 식재료로 저녁식사를 해결했다.

'우르르쾅쾅!'

밤 10시가 넘어가자 또다시 비가 세차게 내리기 시작했다. 오늘따라 방 안의 조명은 더 어두컴컴해 보이고 호스텔은 조용했

너의 삶도 조금은 특별해질 수 있어

다. 내일의 날씨 걱정 때문인지 쉽사리 잠이 오지 않아 홀로 로비에 나와 휴대폰만 만지작거렸다. 어느 숙소든 로비에 나와야 와이파이가 가장 잘 터진다. 그렇게 한두 시간을 소파에 기대어 빈둥대다가 12시가 넘어서야 겨우 잠자리에 들었다.

휴대폰의 알람은 정확히 아침 6시 반에 울렸다. 샤워를 하고 전날 만들어놓은 샌드위치를 챙겨 호스텔을 나섰다. 아직 어두컴컴한 길을 천천히 걸어 터미널로 향했다. 날씨는 조금 쌀쌀했지만 다행히 비는 그쳐 있었다.

버스에 오르자마자 다시 잠에 빠졌고, 눈을 떴을 때는 이미 토레스델파이네 입구에 도착해 있었다. 방금 전까지의 날씨는 온데간데없고 분주하게 내리는 승객들 사이로 비가 추적추적 내리고 있었다. 얼떨결에 사람들을 따라 사무실에 들어가 입장권을 구매했는데, 그곳에서 청천벽력 같은 소식을 듣게 되었다.

"비 때문에 길이 위험해서 오늘 Mirador Las Torres(삼봉)는 CLOSE입니다."

'역시나 이번에도 산은 나를 허락하지 않는구나.'

벌써 남미에서만 이런 일이 다섯 번째. 지금이라도 당장 이 표를 환불하고 다시 숙소로 돌아가고 싶은 심정이었다. 하지만 시내로 돌아가는 버스는 최소 오후 2시 이후에나 있었기 때문에, 표를 환불하더라도 비 오는 길에서 5~6시간을 버틸 수는 없는 노릇이었다.

'이번이 진짜 마지막이다. 일단 갈 수 있을 때까지만이라도 가보자.'

호스텔 주인아저씨의 말을 다시 떠올리며 이까짓 비는 아무 것도 아니라는 생각으로 산을 오르기 시작했다. 보슬보슬 내리는 비로 땅은 이미 축축해져 있었고 약간의 안개로 먼 거리까지는 잘 보이지 않았다. 서울의 북한산이나 관악산처럼 높게 솟은 울창함은 없었지만 사람 키만 한 작은 나무들이 알록달록 곳곳에 퍼져 있었다. 들판에는 가을의 단풍과 은행나무처럼 울긋불긋한 풀들이 따뜻한 색감을 자아냈다.

한 시간을 걸어도 크게 달라지는 풍경은 없었다. 높이 오를 수록 비는 거세졌고 옷은 전부 홀딱 젖어버렸다. 아저씨의 말은 전부 거짓이었다. 비는 그냥 털어버릴 수 있는 물이 아니라, 옷에 스며들어 체온을 뚝 떨어뜨리는 무시무시한 녀석이었다. 온몸이 떨리며 입술은 점점 파래졌고, 찬바람에 고스란히 노출된 젖은 손과 얼굴은 얼음처럼 차가워져 있었다.

'그래, 더 이상은 무리야. 이젠 돌아가자.'

얼마 전 갈 때까지 가보자며 호기롭게 달렸다가 조난되었던 추억이 떠오르며 억지로 무리해서 갈 필요는 없겠다는 생각이 들었다. 모든 일을 완벽하게 끝내야 하거나 매사에 끝장을 볼 필요는 없었다. 내가 이 산행을 마지막으로 여행을 끝낼 것도 아니니 굳이 오늘 모든 에너지를 쏟아부을 필요도 없었다. 여행의 매일이 언제나 최선일 수는 없는 것이었다.

역시 내려가는 발걸음은 가볍다. 끝을 모르고 기약 없는 오르막길보다 이미 돌아가야 할 곳이 정해져 있는 내리막길이 같은 거리라도 훨씬 가깝게 느껴진다. 산을 내려와 산행 초입에 마련된 휴게소에 들어가 몸을 녹였다. 거기에는 이미 며칠간의 산행을 마치고 내려온 듯한 등산객들이 아무렇게나 앉아 쉬고 있었다. 지금 꼬라지만 놓고 보면 오히려 내가 더 힘든 산행을 한 것 같은 행색이었지만 말이다.

오늘 오기를 부리지 않은 건 꽤 괜찮은 선택이었다. 남들처럼 멋지게 파타고니아의 자연을 사진에 담고, 자랑할 만한 이야깃거리를 만들고 싶은 마음도 있었다. 하지만 남들이 다 한다고 해서 나도 해야 한다는 법은 없으니까. 남들의 시선을 신경 쓸 필요도 없고, 누군가가 정해놓은 기준을 따라야 할 필요도 없었다.

남들에게는 멋지고 대단한 산들이 유독 나에게만 야박한 이유도 이 여행이 다른 사람의 여행이 아닌 나만의 여행이기 때문일 것이다. 와라즈(페루)의 파라마운트 위에선 온통 안개뿐이었고, 4900미터의 코토팍시(에콰도르)와 5200미터의 비니쿤카(페루)에서도 비바람에 덜덜 떨다가 결국 안개만 구경하고 내려왔다. 게다가 얼마 전에 일어난 조난사고에, 오늘은 '삼봉'의 출입통제까지. 산에 올 때마다 매번 비와 안개를 몰고 다니며 5번 모두 실패를 경험하는 것도 대단한 일이라고 생각했다. 나에겐 벼락맞을 확률만큼이나 신기한 일들이 계속 벌어지고 있으니 말이다.

비록 남들이 보기엔 남미에서의 모든 산행이 실패처럼 보일지라도 그 실패들조차 이제는 나의 트레이드마크처럼 되어버렸

너의 삶도 조금은 특별해질 수 있어

다. 이제는 '산이 버린 사나이' 또는 '산에 비를 몰고 오는 남자'라는 별명이 제법 잘 어울리는 것 같다. 앞으로 또 산을 갈 일이 있을지는 모르겠지만 산에 오를 때면 이번 남미에서의 일련의 사건들이 차례로 주르륵 떠오를 것 같다. 그리고 누군가를 만나면 너스레를 떨며 마치 영웅담처럼 자랑스럽게 말할 수 있을 것 같다.

#알록달록 무지개색의 산으로 유명한 비니쿤카

너의 삶도 조금은 특별해질 수 있어

#안데스산맥의 활화산 중 가장 높다는 코토팍시

Argentina · Brazil

04 아르헨티나·브라질

내 여행에서 반드시라는 건 없었다.
나는 마음이 내키는 대로, 발길이 움직이는 대로
온전히 나를 '자유'하게 내버려두었다.

나는 자연 그 자체도 좋았지만
무엇보다 자연이 가진 자유로움을 좋아했다.
그 자유가 내 여행의 이유였고
내가 퇴사를 하고 남미로 떠나온 이유였다.

처음 시작할 때 아무것도 정하지 않았던 것처럼
내 여행은 무한한 자유가 허락된 부유하는 여정이었다.
내가 무언가를 찾기 위해 힘겹게 노를 젓지 않아도
행복은 그 부유하는 가운데 자연스럽게 찾아왔다.

#24

빙하는 정말
빙산의 일각이었다

엘칼라파테 El Calafate, Argentina

20대 시절 밴쿠버의 탁 트인 경치와 맑은 하늘 아래에서 달렸던 기억이 떠올랐다. 10년 전의 기억이 아직도 한 폭의 그림처럼 생생한 이유는 아마도 깨끗하고 시원했던 그날의 풍경 때문이었을 것이다. 빙하를 보러 가기 위해 엘칼라파테의 도로를 달리는 순간 그때의 추억이 되살아날 만큼 풍경은 상쾌하고 선명했다. 높고 청명한 하늘과 막힘 없이 쭉 뻗은 초원 그리고 겹겹이 수채화처럼 둘러진 설산까지.

버스에서 내리자마자 조급한 마음에 빙하가 있는 방향으로 곧장 뛰어갔다. 남미에 와서 인생에서 처음 경험해보는 것들이

너의 삶도 조금은 특별해질 수 있어

많았지만 빙하만큼은 왠지 가슴이 두근거릴 정도로 특별하게 느껴졌다. 갈라파고스의 푸른 바다도, 아마존의 울창한 정글도, 와라즈의 모래사막도 모두 다른 나라의 어디선가 비슷한 풍경을 본 적이 있었지만, 차가운 것이라고는 눈이 전부인 내 삶에 빙하는 완전히 새로운 아이템이었다.

빙하가 잘 보이는 무대의 중앙 대신에 제일 끝 쪽으로 발걸음을 옮겼다. 거대한 빙하의 존재가 오른쪽에 느껴졌지만 발끝만 바라보며 왼쪽으로 계속 걸어갔다. 더 이상 갈 수 없는 곳까지 도달해 고개를 들어 빙하를 마주본 순간.

빙하의 차가운 자태처럼 심장이 얼어붙는 것 같았다.

눈앞에 펼쳐진 빙하는 온몸으로 한기가 느껴질 정도로 시리고 영롱했다. 내 키보다 몇 배는 높이 솟은 빙하덩어리들이 시선 너머로 끝이 보이지 않을 만큼 광활하게 뻗어 있었다. 빙하는 그저 하얀 얼음인 줄만 알았는데 가까이서 보는 빙하는 그렇게 하얗지만은 않았다. 마치 지구에 존재하지 않는 새로운 광물을 보는 것 같았다. 푸른 빛깔의 빙하 너머로는 이상한 외계 생명체가 나타날 것만 같았다. 우주 어딘가, 다른 행성에 떨어진 기분이었다. 빙하는 매끈한 얼음과는 다르게 슈퍼에서 파는 하드처럼 거칠고 건조해 보였다. 그와 반대로 수면 위에 떠

있는 모양도 크기도 제각각인 작은 빙하들은 보석처럼 반짝거렸다. 에메랄드빛 강물을 머금고 세월에 의해 가공된 빙하는 신비로운 힘을 가진 '마법의 반지' 같았다.

거대한 빙하 앞에는 빙하를 설명하는 문구가 있었다.

「수면 위의 빙하는 전체 빙하의 10%일 뿐이다.」

이렇게 거대한 빙하 밑에는 9배나 더 커다란 빙하가 있다니. 당장에라도 스쿠버다이빙 장비를 착용하고 들어가 직접 두 눈으로 확인해보고 싶었다.

'쩌저적'

그 순간 천둥 치듯 하늘이 두 쪽으로 갈라지는 소리가 들려왔다. 이 텅 빈 공간에 울려 퍼진 소리를 눈으로 쫓아보니, 커다란 빙하의 한 귀퉁이가 서서히 갈라지고 있었다. 잘려나간 빙하는 묵직하게 풍덩 하고 수면 아래로 들어가버렸다. 그리고 몇 초 뒤에 반원을 그리며 다시 떠올랐다. 바닷속에서 용암이 끓어오르는 것처럼 그 자리에는 작은 빙하 조각들이 계속 보글보글 솟아났다.

지금 수면 위에 떠 있는 무수한 빙하들도 저렇게 생겨난 것이겠구나. 서로가 완전히 다른 모습인데 아름답게 반짝이는 작은 빙하도 모두 저 투박한 빙하에서 시작된 것이었다. 지금 막 떨어져나온 녀석들도 세월이 흘러 바람에 깎이고 비를 맞으면 아마 저렇게 되겠지?

날씨는 추웠지만 빙하를 바라보는 시간은 전혀 지루하지 않았다. 추위에 목도리를 꽁꽁 싸매고 주머니에 손을 찔러넣은 채로 한참을 바라보아도 질리지 않았다. 두 시간이 넘도록 가만히 빙하 앞에 서 있었지만 보고 있어도 더 보고 싶을 정도로 빙하는 사람을 빠져들게 만드는 매력이 있었다. 빙하를 처음 본 순간부터 직감했지만 나는 빙하를 이미 좋아하고 있었다.

빙하가 좋았던 이유는 아마 내가 빙하를 닮고 싶었기 때문인 것 같다. 보이는 것은 10퍼센트이지만 보이지 않는 90퍼센트가 전체의 빙하를 지탱하는 것처럼 나도 내면이 단단한 사람이고 싶다는 생각을 했다. 저렇게 일부가 잘려나가도 단단할 수 있는 이유는 그보다 더 커다란 것이 자신을 지탱하고 있기 때문일 것이다.

빙하를 보고 있으면 결국 우리도 눈에 보이는 작은 부분보다 보이지 않는 부분이 얼마나 더 소중한지를 알게 된다. 나의 눈을 사로잡은 건 10퍼센트의 보이는 빙하였지만, 빙하 자체를 유지시켜주는 건 보이지 않는 나머지 90퍼센트의 빙하였으니까.

보여지는 것이 중요할까, 아니면 보이지 않는 것이 중요할까? 보이는 아름다움을 좇아 살 것인가, 보이지 않는 강인함을 따라 살 것인가? 눈에 보이는 것이 중요한 세상이지만, 나는 보이는 것이 전부인 것처럼 살고 싶지는 않다.

내가 경험한 빙하는 겉으로 드러난 부분이 깨진다고 해서 무너지는 녀석이 아니었다. 하지만 빙하도 수면 아래의 부분이 깨지면 아마 산산이 조각나게 될 것이다. 만약에 정반대로 수면 아래 부분이 10퍼센트였다면, 빙하는 지금 내 눈앞에 이렇게 거대하게 서 있을 수도 없었을 것이다.

결국 저 빙하처럼 나를 지탱해주는 것도 내 안에 보이지 않는 것들이다. 외적인 것은 쉽게 변질되고 무너지지만 차곡차곡 쌓

아올린 내면의 단단함은 결코 한 번에 무너지지 않을 테니까. 겉으로 보여지는 것들에 크게 신경 쓰지 말고, 내 눈도 그런 것들에 현혹되고 싶지 않다. 당당하게 사직서를 쓴 그날처럼 눈치 보지 말고 살아가야지. 어차피 남들에게 보여지는 모습도 겨우 10퍼센트일 뿐이잖아?

이렇게 혼자 여행을 하는 이 시간들은 빙하를 점점 닮아가는 과정일지도 모르겠다.

'그래, 나는 지금 빙하처럼 단단해지는 중일 거야.'

눈에 보이지 않는다고 해서 존재하지 않는 것이 아니었다.
그리고 내가 모른다고 해서 그것이 거짓인 것도 아니었다.

겉으로 드러난 것들은 누구나 쉽게 이해하고 믿을 수 있지만
손에 잡히지 않는 것들은 믿어야만 이해하고 볼 수 있게 된다.

눈에 보이지 않는 산소가 우리를 살아 숨쉬게 하듯
세상엔 보이는 것보다 보이지 않는 것이 더 중요할 때가 있다.

25

부에노스아이레스에서
소통하는 법

부에노스아이레스 Buenos Aires, Argentina

리마가 미식의 도시였다면 부에노스아이레스는 문화와 예술의 도시였다. 그동안 남미에서 쉽게 찾아볼 수 없었던 공연장을 심심치 않게 발견할 수 있었고, 길거리에서 다양한 공연 정보나 포스터를 접하는 것도 어려운 일이 아니었다.

여러 공연 중에서도 가장 인기 있는 공연은 단연 탱고다. 탱고는 한국에서도 한 번 본 적이 있었고, 부에노스아이레스 시내를 구경하면서도 심심치 않게 볼 수 있었다. 거리에서 공연을 하는 사람들은 물론이고, 삼삼오오 모여 탱고를 추는 사람들의 모습이 창밖으로 보이기도 했다. 하지만 본고장의 맛을 느끼려면 역시 정식으로 공연을 관람하는 것이 좋을 것 같다는 생각이 들었다.

특이하게도 대부분의 탱고공연은 밤 10시부터 시작되었다. 우리나라뿐만 아니라 유럽이나 북미에서도 평일 공연은 대개 8시쯤 하기 마련인데, 10시 공연이라니. 오랜만에 어두컴컴한 밤에 차려 입고 나오려니 조금은 어색했다. 그런데 공연장에 들어서자 그 이유를 알 것 같았다. 객석은 공연 전부터 시끌벅적하고 자유로웠다. 객석은 영화관처럼 의자만 있는 것이 아니라 모두 테이블이 있어서 많은 사람들이 이미 식사를 즐기는 중이었다. 후에 공연이 시작되고 관람하는 중에도 음식을 주문하거나

와인을 마시는 것이 일반적인 모습이었다. 중간중간 서빙하는 웨이터와 사람들의 말소리가 공연의 몰입도를 방해하기도 했지만, 한편으로는 자유롭게 이야기를 나누며 관람할 수 있는 편한 분위기가 마음에 들었다.

내가 본 공연은 두 개, '피아졸라'와 '포르테뇨'였다. 둘 다 이곳에서 명성이 있는 공연이었지만 같은 탱고라고 느껴지지 않을 정도로 확연하게 성격이 다른 공연이었다. 공연장의 모습만으로 그 둘이 어떻게 다른지가 분명하게 드러났다. 피아졸라가 오페라나 클래식이 나올 것 같은 중후한 멋의 유럽풍 콘서트홀이라면, 포르테뇨는 미국 브로드웨이의 뮤지컬을 상영할 것 같은 번쩍이고 화려한 무대를 가지고 있었다.

공연장의 모습처럼 피아졸라가 '오셀로'나 '햄릿' 같은 고전 연극의 느낌이라면, 포르테뇨는 '라이온킹'이나 '위키드' 같은 퍼포먼스 위주의 뮤지컬 같았다. 탱고에 대해 정확히는 모르지만 피아졸라는 전통적이고 클래식한 탱고의 느낌이 들었다. 그들은 절제된 동작과 풍부한 표정으로 자신의 감정을 전달했고, 가수들의 노랫말과 음악으로 그 사이의 이야기들을 풀어냈다. 무대가 작고 전체적으로 조용한 분위기여서 배우들의 섬세한 움직임과 표정에 집중할 수 있었다.

반면 포르테뇨는 무대를 아주 넓게 사용했다. 크고 화려한
동작들로 시작부터 관객들의 시선을 단번에 사로잡았다. 댄서
들은 마치 뮤지컬처럼 탱고와 연기를 함께 섞어가며 무대를 선
보였기 때문에 나 같은 외국인의 입장에서는 내용을 이해하기
가 훨씬 수월했다. 피아졸라가 배우들의 감정에 중점을 둔 연
기였다면, 포르테뇨는 극중에 담긴 메시지를 전달하는 데 중점

을 둔 것 같았다.

　연인들의 춤에서는 슬프고 애절한 감정이 묻어났다. 서로 아
무 말도 하지 않았지만 그들의 표정과 눈빛에서 그 기분을 알
수 있었다. 마치 둘의 어긋난 사랑처럼 서로는 절대 시선을 마
주치는 일이 없었다. 정열적인 눈빛으로 잡아먹을 듯이 상대방

을 노려보다가도 한순간에 차가운
표정으로 외면했다. 하지만 그들의
열정적인 춤은 그들의 마음을 대변
하고 있었다. 서로의 허리와 어깨를
감싸며 빠르고 현란한 발재간으로
서로를 쓰다듬는 모습은 아찔하고
위험한 사랑을 나누는 연인의 모습
이었다. 그만큼 피아졸라에는 애절
하고 슬픈 남녀 간의 사랑이 담겨 있
었다.

하지만 포르테뇨는 전혀 다른 감
성으로 관객에게 다가왔다. 마치 흥
겨운 축제의 장에 온 것처럼 처음부
터 끝까지 신나고 즐거운 공연이었
다. 그들의 공연에는 해학적인 요소
가 가미되어 있어서 진지한 내용에서
도 맛있는 양념처럼 재치가 묻어났
다. 유쾌한 웃음으로 극이 지루하지
않게 만들면서 서커스와 같은 고난
이도 동작들을 선보이며 관중들의

입이 떡 벌어지도록 만들었다.

피아졸라는 보는 동안 서서히 빠져들면서 집중하게 되는 반면 포르테뇨는 단번에 무대를 압도하는 임팩트가 있었다. 포르테뇨는 확실히 넓은 공간에서 좋은 장비들로 선보이는 공연인 만큼 신선하면서 수준 높은 무대였다. 물론 탱고실력과 무대 구성도 뛰어났다.

하지만 나는 왠지 피아졸라가 더 좋았다. 내용도 거의 이해할 수 없었지만 거기엔 가슴을 간지럽히는 감동의 코드가 있었다. 물론 이건 지극히 개인적인 취향이었다. 아마도 슬픈 감정선이 나에게 더 맞았는지도 모른다. 마치 내가 힙합이나 댄스 음악보다 잔잔하고 애절한 발라드를 더 좋아하는 것처럼.

부에노스아이레스에 왔다면 탱고공연 하나쯤은 보아야 한다. 아르헨티나에서 탱고를 보지 않는 것은 한국을 찾은 관광객이 김치를 먹어보지 않은 것과 같다. 탱고를 강력하게 추천하는 이유는 그만큼 그 나라를 대표하는 것이기도 하지만 본고장에서의 맛은 확실히 다르기 때문이다. 내가 남미의 한식당에서 먹는 김치보다 한국에서 먹는 김치가 당연히 더 맛있다고 생각하는 것처럼 탱고도 마찬가지다. 탱고의 본고장인 아르헨티나, 특히 부에노스아이레스에서 감상하는 탱고는 잊을 수 없는 강렬한 맛이었다.

예술이라는 것은 금전적인 것 이상의 가치를 지니고 있었다. 그것은 예술이 가지는 시대와 문화를 초월하는 힘이라고 생각한다. 우리는 언어가 아니어도 누군가에게 메시지와 감동을 전해줄 수 있다. 우리는 누군가와 말로 의사소통을 한다고 생각하지만, 사실상 말은 '의사'만 담당할 뿐 '소통'을 담당하는 것은 다른 보이지 않는 감각들이다. 때로 낯선 나라의 음악을 듣고 눈물을 흘리는 이유도, 누군가의 따듯한 포옹만으로 위로를 받는 것도 다 그런 이유일 것이다.

나는 탱고를 통해 아르헨티나를 조금 더 이해할 수 있었다. 아르헨티나와 직접 이야기를 나눈 것은 아니지만 탱고를 통해 서로 소통한 기분이었다.

탱고에는 과거부터 지금까지 이어져온 누군가의 애환과 흥이 고스란히 담겨 있었다. 춤에는 문외한이자 평소에 관심도 없는 1인이지만, 본고장의 탱고는 그런 나에게도 감동을 줄 만큼 매혹적이었다. 공연이 끝나자 당장이라도 탱고를 배우고 싶은 열망이 생길 정도로 말이다.

부에노스아이레스에 오래 머물지 않아도 된다. 나처럼 일주

너의 삶도 조금은 특별해질 수 있어

일을 머무르더라도 아무것도 하지 않고 빈둥거려도 좋다. 하지만 딱 하나, 탱고만큼은 꼭 경험해보아야 한다.

누구라도 이 맛을 보면 탱고를, 아니,
아르헨티나까지도 사랑하게 될 테니까.

부에노스아이레스에서 빈둥대는 시간들

#예술 _ 부에노스아이레스는 어디나 곳곳에 예술이 넘쳐흐른다. 매일 밤 음악에 젖어들다 보면 나도 모르게 누군가와 사랑에 빠져들고 싶은 기분이 들기도 한다.

#맥주 _ 낮이나 밤이나 언제 어디서든 자유롭게 맥주를 마실 수 있는 곳. 부에노스아이레스에 머물면서 가장 현지인처럼 느껴지는 때는 아무렇지 않게 이 사람들과 맥주를 마시는 순간

이다. 시장 가판대에서 간단하게 마시는 맥주마저도 맛이 참 고급스럽다!

　#간식 _ 우리나라의 떡볶이만큼이나 남미에서 자주 보이는 간식은 '엠빠나다'다. 큰 만두처럼 밀가루에 다양한 야채나 고기, 또는 치즈로 속을 채운 국민간식이다. 물론 우리가 떡볶이로 한 끼를 때우듯 엠빠나다는 훌륭한 한 끼 식사가 되기도 한다.

#26

최초로 고백하는
나의 연애 스타일

이과수 폭포 Iguazu Falls

브라질, 포즈두이과수의 아침

막 운동을 마친 사람처럼 땀을 뻘뻘 흘리며 잠자리에서 일어났다. 에어컨 하나 없이 후끈한 브라질의 기후에 한숨이 절로 나왔다. 그래도 창밖의 쨍쨍한 햇살을 보니 사진 찍기에는 더없이 좋을 것 같았다. 부지런히 움직이고 싶었지만 여유를 부리다 보니 점심이 다 되어서야 호스텔을 나서게 되었다. 카메라 배터리는 가득히, 그리고 오랜만에 최대한 가벼운 차림으로.

120번 버스는 마지막 정류장인 이과수 국립공원에 도착했다. 평일이라 한가할 줄 알았는데 줄을 서서 표를 구입할 정도로 사람들이 제법 있었다. 국립공원 내에서 운행하는 셔틀버스도 이미 만원이었다. 사방이 뚫린 2층 버스 안에는 계속해서 풀 내음이 소용돌이쳤다. 창틀에 기대어 멍하니 밖을 보고 있자니 형형색색의 벚꽃잎이 아른아른 흩날렸다. 땅에 떨어지지도 않고 계속 쫓아오는 벚꽃잎들은 점점 가까워지면서 수많은 나비 떼로 변했다. 일정한 궤적 없이 취한 듯 빙글거리는 나비가 정신을 더욱 몽롱하게 만들었다.

버스가 멈춰 서자, 이과수의 웅장함이 벌써부터 오감을 자극했다. 소나기가 내리는 듯한 시원한 소리가 들려오면서 흩날리는 물방울들이 피부에 닿아 더위를 한층 누그러뜨려주었다.

'이곳이 바로 지상낙원이구나!'

순식간에 상상 속 무릉도원이 눈앞에 펼쳐졌다. 실제로 꿈에서도 보았고 익숙할 만큼 많이 상상해왔던 풍경이었다. 푸른 하늘을 배경으로 구름을 잡을 듯 손을 뻗은 나무들은 마치 일부러 누군가가 그 자리에 심어놓은 것처럼 절묘했다. 그 사이의 공간은 독수리 무리가 빙그르르 원을 그리며 채웠고, 그 아래엔 서로 몸을 기댄 푸른 생명이 끝없이 펼쳐졌다. 청명한 하늘은 그대로 폭포가 되어 지상으로 물줄기를 뽑아냈다. 그리고 그 자리에는 여지없이 하얀 뭉게구름이 피어 올랐다. 그렇게 피어난 조각들은 바람을 타고 지금 이곳에 서 있는 나에게까지 전해지고 있었다.

브라질, 이과수 폭포

지난밤 한차례 세차게 폭우가 지나가서인지 습한 공기가 코 끝에 느껴졌다. 브라질에서 다시 아르헨티나로 국경을 넘어가야 했지만 여권 하나도 챙길 필요가 없었다. 당일치기로 폭포만 구경하면 되었기 때문에 그저 숙소 앞에서 '푸에르토이과수'라고 쓰여진 버스만 타면 그만이었다.

아르헨티나의 이과수 국립공원은 입구부터 브라질과 사뭇 느낌이 달랐다. 원래 그런 것인지 비 때문인지 아주 조용하고 한산했다. 매표소를 지나 들어왔는데도 단 한 명의 사람도 보이지 않아 어디로 가야 할지 갈피를 못 잡고 서성거렸다. 그래도 아무도 없는 자연 속에 있다는 건 참 기분 좋은 일이었다. 마치 아침의 고요한 수목원 같았다. 산책하듯 조용히 걸으면 귀에는 오직 내 발자국 소리와 새들의 지저귐만이 들려왔다.

그렇게 방황하던 나를 잡아 끈 것은 한편에 마련된 보트 사진이었다. 입장료보다 두 배는 비싼 가격이었지만, 보트를 타고 가까이서 폭포를 구경할 수 있다는 말에 선뜻 안내자를 따라갔다. 그렇게 도착한 곳에는 이미 사람들로 가득한 트럭이 대기 중이었다. 다들 어디 갔나 했더니 여기에 모여 있을 줄이야. 그렇게 제일 마지막으로 차량에 올라 폭포로 이동했다.

20분 만에 도착한 진한 황토색 강은 악어가 나올 것처럼 잔잔한 모습이 아마존과 흡사해 보였다. 이 강 끝에 폭포가 있다는 것을 상상할 수 없을 만큼 고요했다. 사람의 손길이 닿지 않은 깊은 정글로 들어온 느낌. 브라질 이과수의 첫인상이 동경해왔던 찬란한 무릉도원의 모습이었다면, 아르헨티나 이과수는 심심하면서도 약간은 신비로운 미지의 장소였다. 하늘에서부터 바닥까지 모든 것이 한눈에 조화롭게 보이는 수평적인 느낌의 브라질과는 다르게 수직적인 그림들이 연속적으로 눈앞에서 바뀌는 모습이었다.

다시 브라질, 한 폭의 수채화 같은 폭포

가끔 그런 풍경들이 있다. 보아도 보아도 지루하지 않고 몇 시간이고 머물 수 있을 것 같은 곳들. 브라질의 이과수는 걷는 내내 새롭고, 군데마다 다른 모습을 가지고 있어서 지루할 틈이 없었다. 발걸음을 멈추는 매 순간의 경치가 모두 절경이었다. 나무들 사이로는 수십 개의 폭포들이 쏟아져 여기저기 무지

브라질, 이과수 폭포

개를 만들어 더욱 신비한 풍경을 연출했다.

호기심을 자극하는 폭포소리는 갈수록 크게 들려왔다. 공기 중에 떠다니는 수분들이 완전히 비처럼 내리기 시작하자, 이곳에서 가장 거대한 이과수 폭포가 나타났다. 무더운 날의 갈증을 씻어주듯 시원하게 쏟아지는 폭포는 한 폭의 커다란 커튼을 보는 듯했다. 일직선으로 시원하게 떨어지는 물줄기의 모습이 마치 펄럭이는 커다란 한 장의 하얀 천처럼 보이기도 했다. 조용하게 흐르던 강이 순식간에 저렇게 큼지막한 폭포로 변한다는 것이 믿기지 않았다. 뒤쪽의 높은 곳에서 보면 이런 폭포의 모습을 가늠할 수 없을 정도로 잠잠하던 강은 순식간에 추락하며 생크림 같은 물거품이 되었다.

'그래 이 모습이야. 내가 원했던 세상에서 가장 아름다운 폭포!'

시작은 조용했다. 하지만 그 고요함이 익숙해지기도 전에 소리가 들려왔다. 소리의 실체가 눈앞에 나타나자 시원하기보다 무서운 느낌이 들었다. 사람들을 가득 태운 보트는 순식간에 거대한 폭포 앞까지 자신을 밀고 들어갔다. 그동안 보아왔던 아름다운 물줄기가 아닌 거대한 양동이로 물을 한꺼번에 퍼붓는 것 같았다. 낙차에 의해 튀어 오르는 물방울 때문에 보트에 앉아서도 눈을 제대로 뜰 수가 없었다.

그런데 분위기가 심상치 않았다. 보트는 거기서 멈추지 않고 폭포까지 그대로 돌진하기 시작했다. 그러고는 기어코 폭포에 온몸을 샤워하기 시작했다. 처음에 출발하기 전에 다들 우비를 챙겨 입길래 눈치껏 따라 하긴 했지만, 얇은 비닐쪼가리는 폭포 앞에서 아무런 도움도 되지 못했다. 보트가 연거푸 폭포를 들락날락거리는 동안 머리에 폭포가 직방으로 떨어져 온몸을 휘청거리게 만들고 속옷까지 몽땅 적셔버렸다. 거의 꼴찌로 탑승했는데도 맨 앞자

리가 비어 있길래, 웬 횡재냐 싶어 앉았는데, 비어 있는 데는 다
그만한 이유가 있었던 것이었다.

　'차라리 이렇게 젖을 거였으면 수영복을 입을 걸….'

아르헨티나의 이과수 폭포

그렇게 샤워를 마치고 축축한 차림으로 찾아간 곳은 이곳에서 가장 유명한 '악마의 목구멍'이었다. 그 위력이 얼마나 거센지 좀 전의 보트로는 다가갈 수도 없었던 곳이었다. 보트를 처음 탔을 때처럼 가는 길은 지루하고 한적했다. 중간중간 멈춰서 연신 사진을 찍어야 했던 브라질과는 달리 보이는 것이라고는 희뿌연 강물이 전부였다. 하지만 마지막엔 어마어마한 반전이 기다리고 있었다.

가까이서 본 악마의 모습은 웅장함을 넘어 두려움 그 자체였다. 아래엔 무엇이 있는지 보이지도 않을뿐더러 깊이도 가늠할 수 없었다. 그동안 경험했던 그 어떤 폭포보다도 강한 흡입력으로 세상 모든 것을 집어삼키는 모습이었다. 누구라도 저 악마의 목구멍에 삼켜지면 살아서 돌아올 수 없을 듯했다.

'아, 자연 앞에선 인간이 얼마나 무력한 존재인가.'

처음엔 관심도 없던 이과수 폭포는 만난 이후에 더 그리워졌다. 그래도 브라질에 왔는데 이과수 폭포는 봐야 하지 않겠냐는 주변의 성화에 못 이긴 척 찾아갔었다. 그렇게 브라질에서 처음 본 이과수에 첫눈에 반하는 바람에 결국 아르헨티나까지 간 것이었다.

두 나라의 이과수는 마치 이란성 쌍둥이처럼 이름만 같을 뿐 생김새는 전혀 달랐다. 처음부터 끝까지 화사하고 시원한 아름다움을 가진 브라질, 반면 지루하고 별 볼 일 없어 보이지만 마지막엔 세상에서 가장 압도적인 모습을 보여주는 아르헨티나. 마치 한결같이 다정하고 예의 바른 착한 남자와 속마음과 표현이 다른 반전 매력을 가진 나쁜 남자를 보는 기분이었다.

완전히 다르다는 건 하나가 온전한 하나로써 의미를 가진다는 말이기도 하다. 그렇기 때문에 같은 폭포라고 생각하고 하나의 이과수만 본다는 것은 절반이 아닌 하나 전체를 못 본 것과 같다. 우리가 "마추픽추를 보았으니 우유니는 가지 않아도 돼"라고 말하지 않는 것처럼 어느 하나를 보았으니 다른 건 보지 않아도 된다고 생각할 필요는 없다.

단지 시간과 돈 때문에 건너뛰는 여행은 내 스타일이 아니다. '지금 돈을 아끼면 다른 도시를 더 갈 수 있는데', 혹은 '빨리 구경하면 몇 개 도시를 더 볼 텐데' 하는 식의 여행을 한 적은 없었다. 나는 한 군데를 가더라도 내가 만족할 때까지 충분히 머물러야 했다. 지금 여기서 꼭 해야 할 것과 먹고 싶은 것을 포기하면서 다른 도시를 간다고 해서 여행이 더 행복할 것 같지는 않았다. 그리고 여기에 더 머물고 싶은데 시간에 쫓겨 다른 도시로 간다고 해서 더 재밌을 것 같지도 않았다.

내 삶에서 모든 조건들은 늘 제한되어 있었다. 인생도 늘 하고 싶은 것을 다 하며 살 수는 없었던 것처럼 여행에서도 선택과 집중을 해야만 했다.

나에게는 다음이라는 시간이 또 있으니까. 지금 당장 시간이 부족하고 돈이 떨어지면 거기서 멈추면 그만이다. 패키지 여행처럼 맛보기로 잠깐씩 들리기보다 한 곳에 머물더라도 제대로 그곳의 매력을 즐기다 가고 싶다. 짧게만 연애한 사람에게 제대로 연애를 못했다고 하는 것처럼 짧게 발만 담그고 간 여행은 어느 것 하나 제대로 즐기지 못한 여행인 기분이다.

나는 연애하는 기분으로 여행하고 싶었다. 한 도시와 오래 만나면서 도시에 숨겨진 매력들을 발견하는 것이 좋았다. 분명히 절대적인 시간을 지내야만 알 수 있는 도시의 매력들이 있다. 그것을 느끼지 못하고 간다는 건 누군가를 겉모습만 보고 좋아했다고 말하는 것과 같은 기분이었다.

내가 누군가를 사랑하는 방법은 내가 어딘가를 여행하는 방법과 많이 닮아 있다. 어느 도시(나라)를 알아가고 빠져든다는 것은 누군가를 만나서 사랑하는 과정과 별반 다르지 않은 것이었다. 누군가를 알아가면서 실망도 하고, 안 맞는 부분이 생기기도 하지만 우리는 그런 과정들을 통해 상대를 깊이 알아가고 더 친밀해지기도 한다. 시작은 보여지는 것일지 몰라도 결국 사랑을 깊어지게 하는 건 내면의 모습인 것처럼 여행에서도 숨겨진 매력이 느껴질 때 비로소 그 도시를 사랑했다고 할 수 있다.

그렇기에 사랑에 대해 진정으로 알고 싶으면 깊게 사랑에 빠져야 하고, 여행을 제대로 하고 싶으면 오래 머물러봐야 한다. 천천히 시간을 보내면서 이과수를 둘러보면 폭포의 다양한 매력을 발견할 수 있다. 또한 폭포뿐만 아니라 주변의 국립공원에서 야생동물도 만나고, 샌드위치도 사먹어 보는 시간도 필요하다. 이 시간과 경험들 전부가 이과수인 것이다. 나는 단순히 폭포 하나를 보았다고 해서 이과수를 보았다고 말할 수는 없을 것 같다.

결국 어떤 것을 사랑하고 무언가에 깊이 빠져드는 건 전적으로 나의 몫이다. 내가 얼만큼의 관심을 가지고 있느냐가 중요했다. 이 문제의 원인은 결코 상대방에게 있지도 않고, 물질적인 요소에 있지도 않다. 우리에게 필요한 것은 이미 각자의 마음 안에 모두 준비되어 있다.

여행에서 가장 중요한 것은
충분한 돈이 아닌, 충분한 시간이다.

그리고 그 시간을 완성하는 건
결국 내 마음의 여유였다.

27

보니또는
이름처럼 아름다웠을까?

보니또 Bonito, Brazil

저녁이 되면 한껏 멋을 부리고 옷을 쫙 빼입은 친구들이 하나둘 식당으로 모여든다. 오늘 처음 만난 사이도 있고 전부터 알던 사람들도 있지만 모두가 오랜 친구처럼 자연스럽게 섞여 앉아 식사를 한다. 느지막이 8시가 되어서야 모인 친구들은 밤 11시가 되도록 그 자리에서 수다를 떨면서 시간을 보냈다.

우리나라처럼 1차, 2차, 3차를 나눌 필요도 없이 앉은 자리에서 애피타이저에서부터 후식까지 모든 걸 한방에 해결한다. 요리도 입맛에 따라 각양각색으로 주문하고 맥주, 와인, 주스 가릴 것 없이 모든 종류의 음료가 식탁 위에 올라와 있다. 감자튀김에 맥주만으로 버티고 있는 친구가 있는가 하면, 이미 풀코

너의 삶도 조금은 특별해질 수 있어

스로 식사를 마치고 초콜릿이 잔뜩 올라간 아이스크림을 먹는 친구도 있었다. 그렇게 보니또에서의 일주일은 친구들과 함께 매일 밤 파티를 하는 기분이었다.

"보니또~ 무이 보니또!(예쁘다, 너무 예쁘다!)"
"응? 뭐가 예쁘다는 거야?"
"노노. 보니또, 무이 보니또!(아니, 보니또가 아주 예쁘다고!)"

남미여행 5개월 차가 되면, 이제 스페인어 정도는 따로 배우지 않아도 초급 이상의 실력이 된다(물론 브라질은 포르투갈어를 쓰지만 스페인어와 유사한 부분이 많다). 가장 기본적인 단어 중 하나인 '보니또'는 흔히 '예쁘다, 멋있다' 등의 표현으로 풍경, 사물, 사람, 동물 등 가리지 않고 사용할 수 있다. 그런데 동네 이름 자체가 보니또라니. 도대체 얼마나 아름다운 곳이길래 이름이 '예쁘다'일까?

그렇게 무작정 찾아온 보니또는 정말 브라질 그 자체였다. 일주일 동안 거리에 걸어

다니는 동양인은 오직 나뿐이었다. 그나마 숙소에서 만난 딱 한 명의 동양인도 겉모습만 일본인이었을 뿐, 브라질에서 태어나 쭉 자란 현지인이었다. 처음에 브라질 친구가 이곳을 알려주었을 정도로 현지에서는 꽤 유명한 것 같았다. 그래서인지 이곳을 찾은 관광객의 90퍼센트 이상은 브라질 사람들이었다. 단출한 시내의 모습과는 달리 보니또에는 빼어난 경관을 자랑하는 자연 속의 핫플레이스가 20군데가 넘게 있었다. 모든 곳의 자연이 깨끗하게 잘 보존되어 있어서 입에서 정말로 "보니또!"라는 말이 절로 나오는 곳이었다.

마치 한 마리의 물고기처럼 강물을 따라 그 안의 놀라운 풍경들을 구경하는 '리오 라 프라타'. 1시간 넘게 쉬지 않고 수영하는 것이 가능할까 의문이 들었지만 잔잔한 물살이 자연스럽게 몸을 밀어주어서 전혀 피곤하지 않고 오히려 자유롭게 헤엄치며 구경할 수 있었다. 트레킹도 아니고 보트도 아닌 오로지 맨몸으로 강을 따라가는 탐험은 어디에서도 해볼 수 없는 특별한 경험이었다.

그리고 거대한 동굴을 탐험하는 '사오 미겔'과 마법처럼 동굴 속에 파란 호수가 흐르는 '라고 아즐'. 이름처럼 미스터리한 호수인 '라고아 미스테리오사'와 트레킹을 하며 중간중간 크고

너의 삶도 조금은 특별해질 수 있어

작은 폭포에서 수영을 즐기는 '에스탄시아 미모사'까지.

이렇게 매일 자연으로 출근해 신나게 즐기고 나면 오후가 되어서야 다시 시내로 돌아온다. 샤워를 하고 빈둥대며 쉬다가 해가 지면 마치 퇴근하고 함께 회식이라도 하듯이 식당으로 모여든다. 이래저래 관광지에서 만났던 친구들이 모여 그날 있었던 일들을 나누며 식사를 한다. 나를 제외한 10명이 넘는 친구들이 모두 브라질인이었지만 마치 나도 브라질에서 살아왔던 것처럼 마음 편하게 어울릴 수 있었다.

이 모든 것이 처음엔 즐겁고 재미있었다. 매일 아침 6시나 7시에 출발하는 여행지가 기다려지고, 밤이면 친구들과 어울려 노는 것이 좋았다. 하지만 3일, 4일이 지나면서 마음에 석연치 않은 부분이 생겨났다. 시간이 지날수록 신나는 마음보다는 답답한 마음이 커져갔다. 답답함을 표현하자면 마치 거대한 놀이동산에서 놀고 있는 듯한 느낌이었다. 아무리 신나는 놀이공원이라도 일주일 내내 놀 수는 없듯이 보니또에서 즐기는 자연에 나는 점점 싫증을 느끼고 있었다. 그리고 이것이 단순히 장소 때문이 아니라는 것을 깨닫고는 4일차부터 모든 관광을 내려놓고 그냥 휴식을 취했다.

보니또는 작은 시골동네처럼 보이지만 하나의 거대한 관광도시였다. 그래서 어디를 가더라도 그냥 갈 수 있는 곳은 단 한

군데도 없었다. 모두 미리 예약을 하고 돈을 지불한 뒤에 정해
진 날짜와 시간에만 즐길 수 있었다. 게다가 현장에 도착해서
도 가이드의 동행은 필수였다. 대부분이 사유지이거나 국립공
원이어서 그렇기도 했지만 깨끗한 자연을 유지하기 위해서 그
런 듯했다.

　하지만 이렇게 아름다운 자연을 만나는 순간에 그것을 자유

롭게 즐길 수 없다는 것은 뭔가 슬픈 일이었다. 동물들을 앞에 두고도 멀리서 바라봐야만 하는 동물원과 비슷한 느낌마저 들었다. 그동안의 여행이라면 발길 닿는 대로 걷고 언제든 쉴 수 있는 그런 자연이 주는 자유로움이 좋았었다. 하지만 보니또의 자연은 관광을 위한 관광만이 존재할 뿐, 내가 원했던 자연에서의 여유를 즐기기는 힘들었다. 퇴사를 하고 누릴 수 있었던 가장 큰 기쁨 중에 하나가 자유였는데, 보니또에서는 그런 자유가 사라지고 나니, 매일 아침 여행지로 향하는 길이 차츰 일터로 가는 것처럼 느껴졌다.

보니또에서의 시간이 길어질수록 상대적으로 오만 여행의 추억이 떠올랐다. 정말 영화 속의 모험가가 된 기분으로 대자연을 자유롭게 누볐던 시간들. 중간에 사고를 당해서 조난당해도 이상하지 않을 정도로 위태로운 여정이었지만 무한한 자유가 있는 그런 여행이 그리웠다.

나는 자연을 그 자체로도 좋아했지만 자연이 가지고 있는 자유도 좋았다. 그것이 내가 자연을 찾는 이유였고 여행을 하는 이유였다. 그리고 나아가 지금 남미에 있는 이유이기도 했다.

자연은 역시 '자연스러움'을 가지고 있어야 진정한 자연이라는 생각이 든다. 나는 자연스럽게 즐길 수 있는 곳들이 좋다.

무엇인가에 구애받지 않고 여유롭게 즐길 수 있는 진짜 자연 말이다.

나는 무엇이든 자연스러웠으면 좋겠다.
내가 누릴 수 있는 범위 안에서는 최대한 자연스러운 것이
좋다. 그리고 나와 다른 모든 것들 사이엔 항상 자연스러움이
있었으면 좋겠다.

보니또가 아주 깨끗하게 보존된 아름다운 자연인 것은 맞지만, 나에게 아름다움이란 단지 눈에 보이는 미적인 아름다움이 아니었다. 눈에 보이는 절대적인 미(美)보다는 자연만이 가지는 본연의 자연스러움이 내가 추구하는 아름다움이었다.

아, 지금 와서 돌이켜보면 보니또는 정말로 보니또였던걸까?

너의 삶도 조금은 특별해질 수 있어

28

언제나 누군가는
먼저 배려 중입니다

캄포그란데 Campo Grande, Brazil

"너 다른 방에서 잤으니깐 220헤알 안 내면 못 가!"

"무슨 소리야? 난 다른 방에서 자지 않았어."

호스텔 여주인이 나를 부른 것은 버스가 도착한 12시 무렵이었다. 그녀는 떠나려는 나를 갑자기 막아서고는 무리한 돈을 요구했다. 이야기를 들어보니 대략 5일 전 시끄러운 로비를 피해 문이 열려 있던 옆방에 들어가 전화를 한 것이 화근이었다. 그곳에서 잔 것도 아니고 건드린 것도 없었지만 그녀가 제시한 금액은 자그마치 220헤알, 우리나라 돈으로 약 7만 원 돈이었다. 이 호스텔의 하루 숙박비가 45헤알인 것을 생각하면 거의 5배에 해당하는 금액이었다. 10분 정도 통화하다가 호스텔 직원의 한 마디에 바로 나온 것치고는 너무 과했다.

그녀는 숙박비에 청소비에 말도 안 되는 이유를 들어가며 소리쳤다. 심지어는 휴대폰까지 빼앗으며 버스를 못 타도록 막았다. 결국 더 이상 시간을 지체할 수 없어 대충 하루치 비용이라도 쥐어주고는 겨우 빠져나왔다. 돈을 더 내놓으라며 소리치는 그녀를 뒤로한 채 버스에 오르니 피로가 급격하게 밀려오는 것 같았다.

뭔가 오늘 하루는 시작부터 다 망가진 기분이었다. 아무리 긍정적이고 낙천적인 성격이라도 부당한 일이나 불의는 잘 못 참는 성격이었다. 100만 원을 잃어버리는 건 아깝지 않아도 100원이라도 사기당하는 건 아까워할 성격이었다. 하지만 호스텔에 주고 온 돈보다 가슴 아팠던 건 배신당한 것 같은 기분이었다. 사건이 발생한 5일 전부터 체크아웃한 1시간 전까지도 말 한 마디 없다가 버스가 오니깐 붙잡으며 돈을 내놓으라니. 웃으며 같이 놀던 친구가 한순간에 원수가 되어버린 것 같았다.

그렇게 오후 5시쯤 도착한 캄포그란데. 머리도 식힐 겸해서 2킬로미터가 조금 넘는 숙소까지 걸어가기로 했다. 거리에는 차도 사람도 거의 보이지 않을 정도로 한적했고 대부분이 주택가였다. 그래서 호스텔도 숙박업소보다는 일반 가정집 같은 느낌이었다.

호스텔 로비에는 여러 명의 투숙객들이 맥주를 마시며 시끌벅적하게 떠들고 있었다. 어색하게 눈인사만 하고는 방 안에서 앉아 있었다. 오전에 있었던 일 때문인지 아직도 머리가 멍한 것 같았다. 그런데 그때 한 친구가 다가왔다.

"뭐 하고 있어? 이리로 와!"

"나?"

"응 빨리 와. 같이 맥주 마시자."

오자마자 갑자기 파티라니. 조금 어색했지만 그들의 성화에 못 이겨 로비로 나왔다.

"맥주 좋아해? 한잔 마셔! 자, 건배!"

친구들이 차례로 다가와 반갑게 인사를 해주었고 기꺼이 자신들의 술과 고기를 나눠주었다. 알고 보니 그들은 각각 다른 지역에서 모인 예비경찰들로 이 호스텔에 머물며 며칠에 걸쳐 경찰시험을 치르고 있다고 했다. 그런데 마침 오늘 2차 시험에 전원 합격한 기념으로 함께 파티를 즐기는 중이라고 했다.

다부진 체격의 친구들은 아주 유쾌하고 호탕했다. 갑자기 정신 나간 사람처럼 춤을 추다가도 따뜻하게 다가와 맥주를 따라주며 진지하게 말을 건네기도 했다. 친구들은 나의 여행이나 한국에 대한 질문을 주로 했다. 요즘 이슈가 되고 있는 남북문제나 한국음식, 문화 등에 대해서도 관심을 가져주었다. 하지만 그중에서도 우리가 하나되어 급격히 친해질 수 있는 것은 역시 만국의 공통어라 불리는 음악이었다.

한 친구가 갑자기 '강남스타일' 노래를 틀자 각각 따로따로 이야기를 하던 친구들마저 모두 술잔을 내려놓고 한마음으로 춤을 추기 시작했다. 평소엔 한국에서 클럽 근처에도 안 갈 정도로 춤과는 거리가 먼 나였지만 여기서만큼은 앞장서서 춤을 추고 있었다. 예비경찰들의 에너지는 나 같은 몸치도 일으켜 세우는 힘이 있었나 보다. 그렇게 웃고 떠들다 보니 어느새 착잡했던 기분은 사라지고, 낮에 무슨 일이 있었는지조차도 희미해졌다.

'그래 지나간 일이 뭐가 대수라고. 지금 이렇게 즐거우면 됐지!'

불과 호스텔에 들어오기 전까지만 해도 하루를 망친 것 같았는데, 유쾌한 친구들 덕분에 기분이 180도 바뀌어버렸다. 잠자리에 들기 전에는 오히려 신나는 기억만이 머리에 가득했다. 역시 나쁜 일도 지나고 보면 별일 아닌 것이었다. 항상 여행이 좋을 수만은 없었던 것처럼 항상 나쁜 일만 일어나는 것도 아니었다. 언제나 좋고 나쁨은 물결치듯 오르락내리락하며 찾아왔다.

호스텔에 추가로 지불한 돈이 아까워 나만 손해 봤다고 생각했는데, 어쩌면 이 친구들의 입장에서는 이렇게 무제한으로 나에게 고기와 술을 준 것이 손해일 수도 있겠다는 생각이 들었다. 표면적으로만 보면 똑같이 자신의 물질이 사라진 것인데, 왜 어떤 것은 손해가 되고 왜 어떤 것은 나눔이 될까? 어쩌면 손해라는 것도 생각하기에 따라 나눔이나 베풂이 될 수도 있지 않을까? 어차피 똑같이 무언가가 사라진 상황이라면, 내가 어떻게 생각하느냐에 따라 내 마음도 기분도 달라질 수 있었다.

'그래! 손해라고만 생각하지 말고, 차라리 베풀었다고 생각하자.'

어쩌면 가끔은 부족한 건 물질이 아닌 마음의 여유일 것이라는 생각이 든다. 내가 조금만 더 여유를 갖고 사람들을 대하면 세상 모든 일들에 그렇게 신경을 곤두세울 필요는 없을 것 같다. 무분별하게 돈을 낭비하거나 호구처럼 돈을 줄 필요는 없지만, 무언가 사라지는 것에 대해 크게 개의치 않기로 했다. 이미 사라진 것들을 스스로 '손해'라고 되뇌며 스트레스 받을 필요는 없으니까.

사람은 누구나 자신이 베풀었던 선행과
자신이 잃어버린 손해만 기억하는 것 같다.

그래서 내가 베풀고 있다고 생각하는 순간에도
어쩌면 누군가는 먼저 희생하고 배려하는 중이 아닐까?

그리고 내가 손해라고 생각하는 순간에도
나보다 더 큰 손해를 보고 있는 사람도 있지 않을까?

그렇게 생각하면 세상 모든 일에
손해는 없는 것 같다는 생각이 든다.

오늘 캄포그란데의 친구들과 저녁을 함께하며, 내 마음도 조금은 너그러워진 기분이다.

29

행복은
바람처럼 자연스럽게

쿠리치바&상파울루 Curitiba & São Paulo, Brazil

이젠 남미에서의 모든 것이 그렇게 특별할 것도 없었다. 30년 넘게 지나다닌 강남 거리도, 아무런 생각 없이 올림픽대로 위에서 바라보던 남산타워도 우리에겐 그냥 평범한 서울이듯 이제는 남미의 거리도 건물도 나에겐 평범했다. 처음 가는 곳인데도 전혀 어색하지 않고 주변의 관광지들조차 신기하기보단 늘 옆에 있어왔던 것처럼 당연해졌다. 누가 보아도 관광객의 행색이었지만 스스로만큼은 관광객이라고 느끼지 않고 있었다.

무언가를 보기 위해 굳이 시간을 내어 찾아가는 일도 줄어들고, 관광지를 못 봐서 아쉽거나 아니면 무엇을 꼭 봐야 한다는 마음도 없어졌다. 그저 내 발길이 닿는 곳을 구경할 뿐이었다.

내가 가는 길 위에 있으면 보는 것이고 아니면 안 보면 그만이었다. 일상처럼 그저 그런 나날들이 계속되고 있는 여행이었다.

쿠리치바에서 시티투어버스를 탄 것도 그런 단조로움을 타파하기 위한 나름의 노력이었다. 누가 보아도 관광객들만 탈 것 같은 그런 버스를 탄 이유는 내가 관광객이면서도 너무 이곳 주민들처럼 살았기 때문이다. 세계 어느 나라에서도 타본 적 없는 이 버스가 조금이나마 여행하는 기분이 들도록 해줄까 싶어서였다. 사실 그것도 자발적인 의욕보다는 에어비앤비 주인이 자신의 시티투어버스 티켓 한 장을 내 손에 쥐어주었기 때문에 시작된 것이었다.

투어버스는 쿠리치바 시내부터 외곽지역까지 열 곳이 넘는 관광명소를 한 바퀴 돌았다. 관광객들은 중간에 자신이 마음에 드는 곳에 오르내리며 관광지를 즐겼다. 하지만 이 버스를 탄 것만으로도 대단한 도전이었던 나에겐 관광지에 일일이 내려 구경할 만큼의 의욕은 없었다.

나는 그저 버스에서 풍경을 구경하는 것이 좋았다. 마치 어린 시절 버스 맨 뒷자리에 앉아서 몇 시간이고 거리를 구경하는 기분이었다. 뻥 뚫린 2층 버스의 맨 앞자리는 완벽한 날씨에 어울리는 최고의 공간이었다. 한적한 도로를 달릴 때 들어오는 햇살과 바람은 행복 그 자체였다.

내가 무언가를 찾아가지 않아도
행복은 자연스럽게 다가왔다.

길거리에서 사먹는 아사이베리 아이스크림도, 대나무 같은 이름 모를 나뭇가지로 만든 음료수도 행복한 맛이었다. 공원에서 동물 친구들을 구경하거나 쇼핑몰에서 사람들을 구경하는 것도, 식당 구석에 홀로 앉아 밥을 먹는 것도 지극히 평범하면서 소소한 행복이었다.

사실 나에게 가장 놀라웠던 일은 상파울루에서 일어났다.
'뭐지? 메모리가 날아갔나? 사진이 다 어디 갔지?'
한참을 상파울루에서 지내고 떠나기 전날. 카메라를 꺼냈는데 정말로 카메라에는 사진이 한 장도 없었다. 심지어 휴대폰에도 상파울루에서 찍은 사진은 하나도 없었다. 아니, 세상에 이럴 수가 있나? 지난 4~5일간의 행적을 돌이켜보니 사진이 날아간 게 아니라, 내가 사진을 찍은 기억이 없었다. 원래 여행지에서는 길거리 풍경에서부터 먹었던 음식 하나까지 빠짐없이 찍었는데, 이젠 그런 사진은커녕 그 흔한 셀카 한 장도 없었다.

여행지에서 사진기부터 꺼내 들지 않는다는 건,

그만큼 여행이 편하고 익숙해졌다는 증거였다.

남미에서 이제 그렇게 살아가는 것이 자연스러워진 것이다.

　요 며칠 나는 본능에 따라 보고, 먹고, 마시고 잠을 잤다. 그
럭저럭 괜찮으면서 꽤 편했던 시간이었다. 하지만 그렇게 습관
적으로 여행한 시간들은 브라질에서의 5일간의 기억을 송두리
째 앗아간 기분이었다. 그 당시에는 편했을지 몰라도 지나고
보니 허무한 시간들이었다.

　돌이켜보면 이런 태도는 전조등처럼 여행 중에 이미 여러 번
깜빡여왔다.

　상파울루를 떠나는 그 다음날에도 여지없이 그 편안함 덕분
에 예정에 없던 사건이 발생하기도 했다. 오전 10시쯤 배낭을
짊어지고 숙소를 나와 버스터미널로 향했다. 당연히 버스표가
있을 것이라는 생각으로 왔는데 목적지인 파라티로 가는 버스
표는 전부 매진이었다. 그래도 그동안은 하루 전에 미리 표를
사두곤 했는데, 이젠 그런 것조차 너무 당연하게 여겨서 일어난
일이었다. 결국 나는 파라티가 아닌 전혀 생소한 우바투바로
가게 되었다.

남미여행을 시작하기 전, 나는 이번 여행에서 아무것도 정하지 않기로 했었다. 반드시 무엇을 해야 하고, 보아야 하고, 먹어야 한다는 약속 같은 건 정하지 않았다. 내 여행에서 '반드시'라는 단어는 없었다. 그것은 내가 경험을 하고 나서 누군가에게 이야기해줄 때 필요한 것이지, 내가 앞으로 맞이할 여행에서는 '반드시'라는 것이 필요하지 않았다.

그래서 여행의 목적지도, 귀국일도 정하지 않은 채로 여기저기 마음 내키는 대로 부유하기로 한 것이다. 하지만 그것이 결코 여행에서의 긴장감을 놓아버리자는 것은 아니었다. 여행에 내성이 생길 때, 그것은 여행에 대해 진지하게 고민해야 할 때였다. 마치 시들시들해진 오래된 연인처럼 이 관계를 이어가야 할지 멈추어야 할지를 선택해야 하는 순간이었다.

새로운 경험들에서 내가 느끼는 것들은 점점 줄어들고, 그것들이 내게 주는 감동도 적어진 것이 사실이었다. 지금까지 나의 여행은 단순히 새로운 것을 보는 것이 아니라 여행하면서 겪어가는 시간들을 위한 것이었다. 계속 삶에 대해 생각하고 고민해보는 가운데서 내 여행의 의미를 찾았다. 아무런 생각 없이 여행을 하는 것은 내가 그냥 한국에서 술을 마시며 돈을 쓰는 것과 별반 다르지 않은 것이었다.

내 여행에 '반드시'라는 말이 없듯이 여행의 끝에도 '반드시'가 있는 것은 아닌 것 같다. 무엇을 시작했을 때 반드시 끝이 있어야 할 필요도 없고, 그 길을 반드시 끝까지 가야 할 필요도 없다. 언제든 내가 멈추고 싶을 때 멈추고 돌아설 수 있을 때 돌아가는 것, 그것이 여행의 마지막이 될 것이다.

세상 사람들이 어떻게 여행을 하건, 세상 사람들이 무엇이라고 말하건, 이제 그런 것들로부터는 이미 자유롭지 않은가. 보여지는 것에 연연할 필요 없이 나에게 집중하자. 나의 여행은 오로지 나를 위한 것이니까.

여행의 시작도 내 발로 했듯이 마지막도 내가 결정하면 그만이다. 무언가에 떠밀리듯 다니다가 상황과 환경 때문에 멈춰지는 여행의 끝을 맞이하고 싶지는 않다. 그리고 버텨내듯이 힘겹게 하루하루를 살아가는 여행도 하고 싶지 않다.

내가 힘들게 찾지 않아도 자연스럽게 행복이 다가왔던 것처럼 억지로 행복을 만들어내거나 강제로 여행에 의미를 부여하지는 않을 것이다. 내 여행은 처음부터 끝까지 자연스럽게, 그리고 내가 원할 때까지만 떠돌다 멈추고 싶다.

셀라론 계단에서 취하는 중

브라질에선 까이삐리냐 한잔?

브라질의 '국민술'이라고 불리는 까이삐리냐는 시원한 얼음을 잔뜩 넣은 새콤달콤한 칵테일이다. 처음엔 그저 레모네이드인 줄로만 알고 마셨다가 독한 알코올 때문에 셀라론 계단에 오르다 정신이 아찔해졌다. 하지만,

대낮부터 술이라니…
너무 좋지 않은가!

그러니, Una mas? (한잔 더)

텔레그라포까지 오르는 길은 조금 고되지만 그곳엔 시원한
경치가 있다. 그리고 절벽에서 특별한 사진을 찍을 수 있는 곳

으로 유명하다. 알 만한 사람은 다 안다는 그곳.

어떤 비밀이 숨겨져 있는지 궁금하다면, 직접 올라가보자!

여행지는 다양하고 모두가 다른 모습을 가지고 있지만, 여행이 나에게 보여주는 것은 일련의 비슷한 색깔이었다. 그리고 여행지가 많아지고 여행시간이 늘어날수록 그 색은 내 안에서 점점 더 선명해지고 있었다. 여행을 하면서 나는 점점 나를 대표하는 나만의 색을 찾아갔다.

나는 하얀 도화지처럼 모든 것을 자유롭게 받아들일 수는 있지만, 스스로가 도화지 같은 사람이고 싶지는 않다고 생각했다. 나만의 분명한 색으로 무엇이 좋고 싫은지, 어떤 것이 옳고 그른지, 나에게 소중한 건 어떤 것들인지를 명확하게 아는 삶이고 싶었다.

인생을 한 폭의 그림이라고 한다면, 나는 세상의 모든 것을 담아내는 그림보다는 나만의 분명한 색이 담긴 그림이고 싶다. 그것이 모두가 좋아하는 그림은 아니어도 마니아 층에게만큼은 열정적으로 사랑받는 그림이면 좋겠다. 대중적이고 무난한 그림보다는 누군가는 비난을 하더라도 누군가에게는 완벽하게 아름다운 그런 그림으로 기억되고 싶다.

내가 여행에서 가지는 색은 내 인생이 갖는 색과 비슷한 것 같다. 여행은 그만큼 나와 닮아 있고 내 인생에서 가장 소중한 요소 중 하나다. 여행을 할수록 내 삶의 색깔도 점점 진해지는 느낌이다.

친구와 비슷해지고 가족끼리 닮아가듯 시간이 흐를수록 주변은 나와 비슷한 색으로 물들고 있다. 나와 비슷한 색은 결국 내가 사랑하는 것들이다.

'내가 사랑하는 여행의 색처럼 비슷한 것들도 소중히 해야지. 그리고 여행하듯 일상에서도 주변을 조금 더 돌아보는 마음을 가져야지.'

Colombia

여행이 끝나더라도

남미는 내 삶에서 가장 빛나는 별로

영원히 추억 속에 남아 있을 것이다.

05 콜롬비아

계획 없이 아무렇게나 시작한 여행이었지만
여행을 하면서 나는 분명히 성장하고 있었다.

지난 남미여행의 시간들은 내가 살아왔던 인생처럼
평범하고 방황하는 가운데 반짝이는 순간들이 있었다.
나를 돌아보고 가슴 뛰게 하는 시간들뿐만 아니라
평범하게 거리를 걷는 시간들조차 모두 특별하고 소중했다.

모든 남미에서의 시간은 앞으로의 내가 되어줄 것이다.
그리고 인생에서 가장 반짝이는 순간으로 기억될 것이다.

#30

나는 삶이
항상 아름답기를 바라진 않는다

산안드레스 San Andres

"바이크 타고 섬 한 바퀴 돌아보는 건 어때? 내가 핀(오리발)도 빌려줄게."

"그럼… 그렇게 해볼까?"

"여기 열쇠 줄 테니깐, 마음껏 타고 들어와. 내일 하루 종일 바이크는 네 거야!"

졸지에 설득당해서 바이크 열쇠를 건네 받았다. 이제는 친구가 된 호스텔 주인은 매일 평온한 나날만 보내던 내가 안쓰러웠는지, 좀 나가서 놀라며 핀잔을 주었다. 하긴 콜롬비아 최고의 휴양지에 와서 특별히 하는 일 없이 한량처럼 지내는 것도 조금은 한심해 보였을 것이다.

이곳에 온 지 나흘이 지나도록 자랑할 만한 일을 한 것은 없었다. 날씨가 안 좋았다는 핑계를 조금 대고 싶었지만, 사실 날씨가 좋았을 적에도 딱히 열심히 논 것은 아니었다. 일단 냉장고에는 언제나 시원한 맥주가 가득했고, 태블릿에는 틈틈이 다운받아놓은 영화도 제법 있었기 때문에 굳이 멀리 나갈 필요가 없었다. 에어컨을 빵빵하게 틀어놓고 누워서 맥주를 홀짝이며 영화를 보는 것보다 더 좋은 휴양이 세상에 어디 있단 말인가!

하루에 한 번, 식량 조달을 위해 밖으로 나갔다 오는 것이 하루 중 제일 큰 일과였다. 특히 맥주가 떨어진 날에는 무조건! 시내까지는 걸어서 30분으로 나름대로 큰맘을 먹고 나가야 했기 때문에 나간 김에 섬을 둘러보곤 했다. 남들은 아침에 나가서 해질 때까지 바다에서 놀다 들어왔지만, 내가 밖에 머무는 시간은 하루 3~4시간이 최대치였다.

주로 근처의 해변에 아무렇게나 앉아 파도소리를 들었다. 아니면 음악을 틀어놓고 춤추는 사람들을 구경하기도 했다. 하지만 바다와 함께하는 건 고작 30분 남짓. 남들이 보면 웃을지도 모르지만 바깥 시간의 대부분은 운동을 하는 데 사용했다. 콜롬비아 친구들과 어울려 축구와 농구를 즐기면 두세 시간이 금방 지나간다. 여행을 떠나오기 전에도 남미에서 꼭 축구만큼은 해보고 싶다고 생각했는데, 반년이 지나도록 마음에만 품고 있다가 이제서야 소원을 이루었다.

남들은 휴양지에서 수영하면서 푸른 바다를 즐기는 것이 즐거웠겠지만 나는 현지인들과 함께 땀 흘리며 운동하는 것이 더 좋았다. 운동을 너무 좋아하면서도 그동안 하지 못했던 갈증도 있었지만, 가장 큰 이유는 역시 사람이었다. 운동은 그 어떤 방법보다 빠르게 현지인들과 친구가 되도록 만들어준다. 그것은 술보다도 훨씬 더 강력했다. 말 몇 마디 나누는 것보다 서로 몸을 부딪치고 격려하며, 힘들 때 손을 잡아주다 보면 서로가 자연스럽게 친해진다. 서로를 믿고 패스하면서 눈빛만으로도

마음을 주고받아 골을 성공시키면 끈끈한 우정까지 싹튼다. 그것은 절대 다른 곳에서는 찾을 수 없는 운동만이 가지고 있는 매력이었다.

그렇게 산안드레스에 머무는 동안 나는 운동에 심취했다. 축구도 재밌었지만 주종목인 농구를 하는 날이면 어김없이 두 팔걷고 나가서 두 시간이 넘도록 뛰었다. 물론 6개월이 넘도록 농구공을 안 잡았으니 슛은 엉망이었지만. 아무튼 운동으로 땀을 흠뻑 흘리고 나면, 원래 외출의 목적이었던 맥주를 사서는 다시 숙소로 돌아왔다.

이렇게 평범하게 현지인처럼 지낼 거면 왜 비싼 비행기 타고 휴양지까지 왔냐는 핀잔을 들을 수도 있겠다. 하지만 나에게는 이것이 휴양이었다. 정말 마음 편하게 현지인이 되어보는 것. 이 아름다운 바다에서는 무엇을 하더라도 휴양하는 기분이었으니까, 꼭 바다로 나가지 않더라도 이국적이고 자유로운 분위기는 섬 어디서나 느낄 수 있었다. 나에게 필요했던 휴양이란 이런 것이었다.

휴양지의 필수조건은 푸른 바다가 아닌
바다처럼 자유로운 삶 자체였기 때문에.

하지만 그 모습을 견디지 못한 것은 내가 아니라 호스텔 주인이었다. 바이크까지 주면서 나가라고 하는 친구를 보면서, 그동안 너무 바다와 떨어져 있었던 나 자신을 잠시 반성했다.

그렇게 친구가 준 지도와 맥주를 챙겨 해안도로를 달리기 시작했다. 그리고 보니 남미에서 자전거, 자동차, 4륜바이크(ATV)까지 섭렵했지만 바이크는 처음이었다. 바이크를 정식으로 배운 적은 없지만 10년 넘게 세계의 여행지에서 이렇게 계속 타다 보니 이젠 제법 잘 타게 되었다. 산안드레스는 섬의 외곽을 따라 도로가 있어서 해안도로만 따라가면 섬을 한 바퀴 돌 수 있었다. 바이크로 한 시간 정도만 달리면 섬 전체를 돌 수 있었기 때문에 시간은 넉넉했다.

'역시 해안도로는 바이크가 최고구나!'

친구가 왜 바이크를 타라고 했는지 알 것 같았다. 그동안 바이크를 안 탔던 것이 후회될 정도로 해안도로를 달리는 기분은 최고였다. 바람도 적당하고 날씨도 적당했다. 산안드레스에서의 관광은 오늘 하루면 충분할 정도로 그냥 평범하게 지나온 날들이 보상되는 기분이었다.

내가 멈추는 모든 곳은 어디나 휴양지가 되었다. 그리고 그곳엔 언제나 아름다운 바다가 있었다. 어디든 바이크를 세우고 마스크와 핀만 착용하고는 바다로 뛰어들었다. 한바탕 신나게 물놀이를 하고는 그대로 바이크를 타고 또 달렸다. 얼굴에는 소금기가 가득하고 몸은 젖었어도 딱히 거슬리지도 않고 크게 신경 쓰이지도 않았다. 산안드레스의 바다에서는 무엇이든 자유로웠다.

산안드레스는 아주 작은 섬이었지만 멈추는 곳에는 모두 다른 바다가 있었다. 색깔도, 풍경도, 파도도 전부 다른 모습이었다. 하지만 풍경은 달라도 카리브해의 아름다움은 동일하게 품고 있었다. 산안드레스의 바다가 좋았던 가장 큰 이유는 오래 보아도 질리지 않는 이 색감이었다. 햇볕에 살랑살랑 반짝이는 그 색이 좋았다.

지난 날의 산안드레스는 뿌옇고 어두웠다. 아무리 아름다운 바다도 언제나 반짝였던 것은 아니었다. 하지만 그 반짝임의 이유가 바다에게 있는 것은 아니었다. 바다는 늘 한결같았지만 때에 따라서 아름답지 않거나 반짝이지 않을 수도 있었다. 그래서 늘 별 볼 일 없는 평범한 바다 같았지만, 오늘처럼 햇살이 좋을 땐 남미에서 가장 눈부시게 빛났다.

나의 삶도 항상 아름답게 반짝이기만을 바라지는 않는다.

평범하고 또 때로는 별 볼 일 없어 보여도 괜찮다. 대부분의 날이 흐려도 괜찮다. 하지만 햇살이 비추는 순간엔 아름답게 빛나는 삶이고 싶다. 그리고 그런 빛나는 순간들이 이어져 하나의 커다란 '인생 별자리'가 되었으면 좋겠다. 반짝이는 별 하나하나에 나의 소중한 추억과 찬란했던 시간들이 담겨 있는 내 인생을 품은 그런 별자리.

　　바이크를 타고 자유롭게 달리는 순간도, 남미여행을 하고 있는 이 시간들도 나에게는 빛나는 모습으로 남아 있을 것이다. 그리고 훗날 내 별자리에서 가장 밝게 빛나는 별들 중에 하나는 이 남미여행이 될 것이다.

31

오늘도
여행에선 겨우 하루일 뿐이야

카르타헤나 Cartagena

홀로 블랑카 해변에 앉아서 쉬고 있는데 갑자기 웬 아저씨가 다가왔다. 그러더니 바로 옆에 앉아서 큰 아이스박스를 내려놓고는 계속 입으로 무언가를 들이밀었다.

"공짜야, 공짜!"

그의 손에 들려 있던 것은 손바닥 반의반도 안 되는 작은 굴이었다. 원래 해외에서 이렇게 모르는 사람들이 주는 음식은 먹지 않는 편인데, 멍하니 있다가 공짜라는 말에 나도 모르게 덥석 굴을 집어 삼켰다. 내가 날름 받아먹자 그는 그 안에서 콩알만 한 알맹이 서너 개를 더 먹여주고는 나를 쳐다봤다. 고맙다는 인사를 하고 다시 쉬려는데 갑자기 그가 말했다.

"돈, 돈, 돈!"

먹기 전에 분명히 공짜라더니, 이건 또 뭔가 싶었다. 그랬더니 그는 처음에 하나만 공짜였고 나머지는 돈을 내야 한다며, 한 알에 3,000페소씩 해서 총 15,000페소를 내라고 했다.

'아차, 내가 당했구나.'

세상에 공짜란 없다는 당연한 법칙을 잠시 망각하다니, 그것도 여행지에서 말이다. 한 덩어리도 안 되는 굴로 6천 원을 내라는 건 너무 억지였기에, 조금 실랑이를 하다가 몇 천 페소라도 쥐어주고 돌려보낼 수 있었다. 다행히 옆에 있던 현지인의 도움으로 간신히 위기를 벗어났다. 그 친구는 앞으론 절대 먹지 말라며 신신당부를 하고는 다시 물놀이를 즐기러 떠났다.

이번 여행에서 한 번도 이런 적은 없었는데, 내가 너무 긴장감을 잃어서 그랬을까?

하루 온종일 해변에서 놀다가 숙소로 돌아온 시간은 오후 6시가 막 지날 무렵이었다. 원래는 블랑카 해변에서 숙소가 있는 카르타헤나 시내까지는 한 시간이면 충분했지만, 우리나라처럼 퇴근시간엔 교통체증이 심해서 두 시간이 넘게 걸렸다. 지친 마음에 사물함을 열었는데 느낌이 뭔가 이상했다.

'분명히 여기에 돈을 올려두고 간 것 같은데, 어디 갔지?'

순간적으로 내가 착각을 한 줄 알았다. 하지만 아무리 뒤져도 돈은 한 푼도 보이지 않았다. 혹시나 하는 마음에 돈이 담긴 주머니를 열어보았는데, 역시나 거기 있던 미국 달러까지 몽땅 사라져 있었다. 그랬다, 내가 하루 종일 자리를 비운 사이에 누군가 자물쇠를 열고 사물함에 있던 현금을 모두 털어간 것이었다. 한화로 총 60만 원 정도로 콜롬비아에서 결코 적은 금액은 아니었다.

순간 한 5초 정도는 황당하고 억울했다. 하지만 곧바로 든 마음은 안도감이었다.

정말 말 그대로 이만하길 다행이었다. 남미에서 워낙 심하게 당한 사람들의 이야기를 듣다 보니 내 사라진 60만 원은 오히려 푼돈처럼 느껴졌다. 게다가 여권이나 신용카드는 가져가지 않고 현금만 가져가준 도둑에게 오히려 고마운 마음마저 들었다. 남미에서 하루에 250만 원을 털린 사람도 있었고, 렌터카에 넣어둔 짐을 전부 도난당했다는 사람도 있었다. 그리고 입에 담기도 힘든 일들을 당했다는 이야기도 몇 번 들은 적이 있었다.

그런 일들에 비하면 내 돈은 아무것도 아니었다. 굳이 화낼 이유도 없고 더 이상 잃어버린 돈에 연연할 필요도 없었다. 어차피 이제 와서 신고한다고 해서 찾을 수 있는 돈도 아니니 말이다.

'이 정도는 누구나 겪는 일이야.
조금 일찍 겪느냐 늦게 겪느냐의 차이일 뿐이지.'

애초에 내가 남미로 여행을 간다고 결심했을 때는 이런 위험까지도 다 감수하고 시작한 것이었다. 시작할 때부터 지금까지 단 한 번도 '나는 괜찮겠지', '나에겐 그런 일은 일어나지 않

을 거야'라고 생각했던 적은 없었다. 그래서 이러나저러나 어차
피 털릴 사람은 털린다는 생각에 오히려 더 대담하고 마음 편
하게 그동안 다닌 것도 사실이었다. 남들은 다 꽁꽁 숨기는 휴
대폰과 카메라도 나는 언제나 당당하게 어깨에 메고 다닐 정
도였으니.

　나에겐 일어날 수 있었던 일이 일어난 것뿐이었다. 그런데 감
사하게도 그런 일이 여행 초반이 아닌 지금에 와서야 일어난 것

　　　너의 삶도 조금은 특별해질 수 있어

이 다행이라는 생각이 들었다. 만약에 모든 짐이 여행 초반에 사라지는 일이 발생했다면, 나도 과연 긍정적일 수만은 있었을 까라는 의문도 들었다. 그렇기에 마음속에서 서서히 여행을 마무리하는 중인 나에게 일어난 작은 도난사건은 오히려 불행보다는 행운에 가까운 일이었다.

나는 안 좋은 일은 빨리 잊는다. 그것이 여행으로 얻게 된 교훈 같은 것이었다. 여행을 많이 다닌 만큼 나에겐 언제나 사건 사고가 뒤따랐고, 그 뒤처리를 하고 피해를 감당해야 하는 것은 오직 나의 몫이었다. 결국 피해자는 나일 뿐이고 모든 손해도 나 혼자만의 것이었다. 안 좋은 마음을 가질수록 손해는 커져만 갔다. 이미 벌어진 일들만으로도 충분히 억울한데, 다른 사람을 비난하거나 돌이킬 수 없는 일들을 걱정하면서 앞으로의 시간들까지 낭비할 필요는 없는 것이었다.

손해는 한 번으로 족하다. 잃어버린 물건이나 안 좋은 경험이면 충분하다. 앞으로의 시간을 두 배로 즐겁게 보내면 그것이 손해를 만회하는 길이다. 과거에 얽매이면 결코 앞으로 나아갈 수 없다. 지나간 사랑은 잊어버리고 더 멋있게 살아가야 하는 것처럼 여행에서도 안 좋았던 일들은 빨리 잊고 앞으로를 즐기는 것이 올바른 방법이다.

오늘 나에게 일어난 일들은 몇 백 일의 여행 중에 겨우 하루일 뿐이었다. 나에겐 오늘의 황당한 하루보다 더 행복하게 지나온 수많은 날들이 있었다. 그리고 앞으로 여행이나 인생에서도 그 몇 배에 해당하는 좋은 날들을 맞이할 것이다.

나는 여행을 망친 것도 아니고 큰 피해를 입은 것도 아니다.

사기도 당하고 돈도 도난당한 오늘은 그저 하루의 해프닝일 뿐이다.

32

꼬레아노가 아닌
호벤이 되었을 때

산힐 San Gil

콜롬비아에서는 유난히 버스가 말썽이었다.

남미에서 그렇게 버스를 많이 탔어도 아직 버스에서 자는 건 익숙하지 않았다. 특히 여러 도시를 들르며 많은 사람들이 오르내리는 버스에서는 자는 동안에도 어느 정도는 긴장의 끈을 붙잡고 있어야 했다. 이미 한차례 홍역을 치른 나로서는 버스에서 일어날 수 있는 도난사건에 신경을 쓰지 않을 수가 없었다. 게다가 정차하는 도시마다 딱히 방송을 하거나 누가 알려주는 것이 아니기 때문에 정신을 차리지 않으면 목적지를 지나치기 십상이었다.

하지만 그렇게 마음먹은 대로 할 내가 아니었다. 언제 그랬냐는 듯 버스에만 타면 이상하게 잠에 빠져들고 말았다. 그런데 그날은 느낌이 조금 이상했다. 계속 흔들리며 달려야 할 버스가 왠지 조용했다. 흔들리는 버스에서 자는 건 마음이 편했지만 아무런 미동도 없는 버스는 오히려 불안했다. 버스가 움직이지 않는다는 건 무슨 사고가 났거나 내가 내려야 할 곳을 확인해야 된다는 의미였기 때문이다.

실눈으로 밖을 보았지만 분명 내가 내릴 곳은 아니었다. 그렇게 한 시간, 두 시간⋯, 계속 잠은 자고 있었지만 요지부동인 버스가 결국 나를 깨웠다. 기지개를 펴고 일어나 주변에 무슨 일이냐며 묻기 시작했다. 그러자 승객들은 버스가 고장 났는데 언제 수리될지는 알 수 없다고 했다.

그렇게 카르타헤나에서도 2시간이나 늦게 출발한 버스는 도로에 멈춰 서서 또 시간을 잡아먹고 있었다. 밤 10시에 출발했는데 이미 해는 떠서 아침 먹을 시간도 더 지나 있었다. 완전히 처음 보는 도로 한복판이었지만 짐을 챙겨 밖으로 나왔다. 그런데 무슨 이유에서인지 함께 버스 앞뒤 자리에 앉아 있던 모녀와 20대 소녀도 덩달아 버스에서 내렸다. 이들도 나처럼 동네를 구경하는 것일 수도 있었겠지만 왠지 모르게 따라온다는 느낌이 들었다.

결국 한 골목에서 운 좋게 문을 연 식당을 발견하고는 들어

너의 삶도 조금은 특별해질 수 있어

가서 앉았는데, 역시나 그들도 함께 같은 식당으로 들어왔다. 그렇게 각자 세 팀은 따로 테이블에 앉아 식사를 주문하고는 조용히 음식을 기다렸다. 그런데 누구의 시작이었을까? 정신을 차려보니 어느새 모두 수다를 떨며 함께 식사를 하는 게 아닌가. 좁은 식당에서 여전히 각각 다른 테이블에 앉아 있었지만 마치 명절에 모인 가족처럼 쉴 새 없이 떠들었다. 식사를 하고 걸어오는 길에도, 그리고 버스에 돌아와 간식을 먹으면서도 수다는 끊이지 않았다. 처음엔 남이었던 생면부지의 사람들이 어느덧 이웃사촌이 되어버렸다.

또 하나의 사건은 산힐로 향하는 길에 발생했다. 어김없이 이 버스에서도 쿨쿨 자다가 그만 목적지를 지나쳐 전혀 모르는 동네까지 와버렸다. 결국 다시 버스표를 사고 먼 길을 돌아 목적지인 산힐에 도착했다. 12시간이면 도착할 거리를 20시간이나 걸리고 말았다.

이 모든 일들이 이젠 완벽하게 남미에 적응했다는 반증이었다. 언제 출발할지 모르는 버스에서 아무렇지 않게 내려 현지인들과 함께 태평하게 식사를 하고 오는 모습도, 긴장 없이 자다가 내릴 곳을 지나치는 모습도 전부 여행 초기였다면 상상할 수 없었던 일이었을 것이다.

여행 초반에 사람들의 관심사는 내가 어느 나라에서 왔는지가 우선이었다. 주로 '꼬레아노(한국인)'라고 부르며 몇 마디 간단한 호구조사를 하는 것이 전부였다. 하지만 어느덧 완벽하게 남미의 '호벤(한국어로 흔히 젊은이, 청년의 의미)'으로 자리 잡은 후로는 어딜 가도 '꼬레아노'란 말은 잘 들을 수 없었다. 스스럼없이 스페인어로 말을 건네고 이야기하다 보면 남미 사람들은 자연스럽게 나를 '호벤'으로 불렀다. 남미에서 국적을 묻는 일 없이 호벤으로 불린다는 건 그만큼 그들에게도 내가 거리낌없이 가까워졌다는 의미이기도 했다.

호벤으로 사는 건 꼬레아노일 때보다 장점이 더 많았다. 현지인들에게서만 얻을 수 있는 유용한 정보는 기본이고 어딜 가나 가격적인 면에서도 할인 혜택이 주어졌다. 물건 하나를 사더라도 거의 현지인의 가격으로 구매하거나 관광객으로 받을 수 있는 최저가를 지불했다. 게다가 시장에선 덤으로 받는 식재료들이 점차 늘어갔다. 특유의 넉살과 함께 어우러진 남미스러워진 말투는 아주머니들의 인심을 후하게 만들었다.

산힐에서 우연히 알게 된 콜롬비아 친구도 그런 '남미스러움' 덕분에 친해질 수 있었다. 나보다 10살은 어린 덩치가 좋은 청년은 관광객들이라면 절대 몰랐을 장소를 보여주었다. 산힐에서 조금 떨어진 바리차라라는 작은 도시였는데, 조용하면서도

자연경관이 빼어난 숨겨진 명소였다. 물론 사내들끼리 그런 곳에서 데이트를 즐기기에는 조금 부적절한 면도 없지 않아 있었지만, 함께 산속에서 맥주를 마시는 기분은 꽤 근사했다. 산안드레스 섬이 콜롬비아에서 최고의 바다였다면, 이곳은 콜롬비아 최고의 산을 가지고 있는 것 같았다.

　지금에 와서 돌이켜보니 호벤으로 불릴 때쯤부터 내 여행에도 많은 변화가 있었던 것 같다. 그것은 새로움이 주는 설렘과

너의 삶도 조금은 특별해질 수 있어

오래된 것이 주는 편안함이 동시에 공존할 수 없는 것처럼 점점 여행의 중심을 한쪽에서 다른 한쪽으로 옮겨놓았다. 나의 여행은 어느덧 새로운 볼거리나 먹거리보다는 평범한 일상에서 반복되는 것들이 많아졌다. 여전히 멋들어진 장소에서 데이트를 즐기는 기분을 느끼기도 했지만, 예전만큼의 두근거림은 줄었고 소소한 만족감이 잔잔하게 있을 뿐이었다.

나는 이미 남미에 많이 물들어 있었고, 또 나에게서는 상당 부분에서 남미의 향기가 묻어났다. 예전에 '여행을 일상처럼, 일상은 여행처럼'이라고 SNS에 아무렇게나 써놓았던 문구가 이제서야 실감이 나기 시작했다. 장기여행자가 되어보니 비로소 남미에선 여행이 아닌 일상을 살아가는 느낌이다. 그것이 좋고 나쁘고를 지금 판단 내릴 수는 없었지만, 이렇게 이미 바뀌어버린 여행이 나에게 어떤 의미로 다가오는지는 한번 생각해볼 필요가 있었다. 분명한 것은 여행과 나와의 관계가 예전 같지는 않다는 것이었다.

나는 꼬레아노일 때 흥분되고 즐거웠지만 호벤으로 살아가는 지금도 나쁘지 않았다. 호벤으로서 내가 남미에서 살아간 시간들은 그동안 휴가나 다른 여행지에서는 경험할 수 없었던 새로운 방식의 여행이었다. 익숙함과 능숙함이 주는 장점도 충분히 만족스러웠지만 한편으로는 설렘과 두근거림이 그립고 또 필요했다. 호벤의 삶이 싫어졌다기보다 아직 나에게 갈급한 부분을 조금 더 채우고 싶은 마음이었다.

아마 모든 장기여행자에게는 호벤이 되는 순간이 찾아올 것이다. 그 순간을 어떻게 받아들이느냐, 그리고 그것을 인지하느냐는 오로지 각각 여행객의 몫이다. 직장도 연애도 마찬가지로 이런 시간은 반드시 찾아온다. 앞으로 무엇을 하더라도 나는 평생 이런 순간들을 반복하며 살아갈 것이다. 문제는 이런 순간들이 찾아올 때 내가 그 상황을 정확히 인지하고, 어떻게 그 이후의 삶에 대한 자세를 취하는가인 것 같다.

하지만 이분법적으로 반드시 둘 중에 어느 하나를 선택해야 하는 건 아니다. 수학에도 언제나 정답이 아닌 근사치와 부등호가 있듯이 두 개의 선택지 사이에는 내가 결정할 수 있는 무수한 경우들이 있을 테니까. 어떤 선택을 하더라도 그것이 내 마음을 충분히 반영한 결정이라면 정답이 될 수 있다.

그렇다면 나는 앞으로 어떤 여행자로 살아가야 할까?

33

퇴사를 했던 용기로
남미도 떠나기로 했다

메데진 Medellin

'지금 아니면 이런 기회는 다시 오지 않겠지?'

여행의 다음 일정은 콜롬비아에서부터 다시 위쪽으로 계속 올라가는 것이었다. 파나마, 온두라스, 과테말라, 벨리즈, 멕시코, 쿠바, 자메이카, 푸에르토리코까지. 아직도 나에게는 가야 할 곳이 산더미처럼 쌓여 있었다. 마음속엔 상상만으로도 신나는 여행지들이 넘쳐나고 있었다. 1년이란 시간도 턱없이 부족해 보여서 한 나라에 머무는 동안에도 빨리 다른 나라로 가고 싶은 조바심이 든 적도 있었다.

그렇게 원대했던 나의 세계여행 의지는 한동안 유효했었다. 당연히 그럴 것이라고 생각했고 그 마음도 변치 않을 줄 알았다. 하지만 언제부터인가 모든 것이 너무 익숙해져버렸다. 내가 만나는 모든 장소와 순간들이 다 새로운 것들인데, 그것이 더 이상 새롭게 다가오지 않는다는 건 꽤 큰 문제였다. 그것은 마치 시간이 지나면서 익숙해진 직장인의 삶과 크게 다르지 않은 모습이었다.

'내가 습관적으로 출근하던 것처럼 습관적으로 여행을 하고 있는 것은 아닐까?'

그것을 인정하는 것은 쉽지 않은 일이었다. 겨우 이 정도의 여행이었으면 휴가로 오지 뭐하러 회사를 그만두었냐는 이야기를 듣고 싶지는 않았다. 내 여행은 남들이 들으면 입이 떡 벌어질 정도로 거창하고 멋있게 보이고도 싶었다. 그렇기에 앞길이 구만리인 남미에서 벌써부터 등을 돌리는 것은 자존심이 허락하지 않았다. 미션을 완수하지 못하고 중도에 포기해버리는 기분이 들었다.

내가 한국에서 포기하고 떠나온 것들에 대한 대가치고는 내 여행이 너무 사소하게 느껴졌다.

그러다 문득, 남들의 시선을 의식하던 과거의 내가 떠올랐다. 그것은 공기업이라는 주변사람들의 부러움과 칭찬, 그리고 사회적으로 어느 정도 괜찮다고 여겨지는 인식에서 벗어나지 못한 내 모습이었다. 스스로는 지금의 현재에 대한 확신도 없고 지금에 만족하지도 못하면서 세상이 정해놓은 평가에 내 생각을 억지로 끼워 맞추고 있었다.

나의 직장생활은 3성급 호텔에서 누리는 최고급 서비스 같은 삶이었다. 4성급 이상의 대단히 럭셔리한 호텔은 아니어도 웬만한 것들을 누리기에는 충분한 가성비 좋은 생활이었다. 혹시나 하는 욕심에 이 자리를 박차고 나갔다가 길바닥에 주저앉을 수도 있다는 불안감이 스스로를 현실과 더욱 타협하도록 만들었다. 이만하면 괜찮다며, 단지 보여지는 것들로만 남들과 비교하며 지금의 삶 가운데서 만족을 찾으려고 노력했었다.

하지만 7년이라는 긴 시간을 보내고 난 후에야 비로소 이것이 어울리지 않는 생활이라는 것을 깨달았다. 내가 원했던 삶은 남들이 보기에 좋아 보이는 모습으로 사는 것이 아니라 내 자신이 행복해야만 하는 삶이었다. 행복이라는 마음의 공간을 결코 물질로만 채울 수는 없다는 것이 너무도 자명했다. 그래서 정말 나를 위해서 퇴사를 했다. 더 좋고 편한 삶을 찾아 나선 것이 아니라 조금 힘들고 불안정하더라도 그 가운데도 나에게 어울리는 삶을 찾기 위해서였다.

그렇게 온전히 나를 위해 퇴사했던 용기로 여행도 그만둘 수 있었다. 이번만큼은 오랜 시간을 돌아서 길을 찾고 싶지 않았다. 주변의 시선이나 고정관념에서 자유로워지니, 여행을 그만두는 것이 더 이상 어려운 선택이 아니었다.

이 여행은 누구를 위한 여행이었던가? 나를 위한 여행이 아니었던가.

'그래 이번에는 시간을 지체하지 말자.'

그렇게 메데진에서 남미를 떠나는 비행기표를 예약했다. 이것이 여행 자체의 매너리즘인지, 남미가 익숙해져서인지는 아직 알 수 없었기 때문에, 일단 남미를 떠나는 것부터 시작해보려고 한다. 적어도 지금 가장 확실한 감정은 남미가 너무 익숙해졌다는 것이었으니까. 그래서 남미와 비슷하게 느껴지는 멕시코까지의 일정은 모두 건너뛰고 미국으로 가기로 했다.

나의 여행은 즐거움도 중요했지만 그 안에서 나만의 의미를 발견하는 것이 더 중요했다. 단순히 눈으로만 구경하거나 돈 쓰는 재미로 다니는 것이 여행의 전부가 아니었다. 어디를 가더라도 온몸으로 여행지를 느끼고 머리로 생각이 들게끔 하는 여행이 좋았다. 아무리 멋있고 아름다운 곳이라도 나에게 느껴지는 것이 없다면 그건 여행이 아니었다.

너의 삶도 조금은 특별해질 수 있어

내 마음이 닫히고 머리가 굳으면 어떤 것도 가슴에 와 닿지 않았으니까. 하다못해 사소한 감정이라도 그것이 진정으로 느껴져야 여행을 했다는 기분이 들었다.

'나중에 스스로가 200퍼센트, 300퍼센트 받아들일 수 있는 마음이 되었을 때 다시 남미로 오자.'

그렇게 예정보다 빨리, 생각보다 빨리, 나의 남미여행은 끝을 향해 달려가고 있었다. 집을 떠난 지도 벌써 꽤 오랜 시간이 흘렀고, 그 이후로 쭉 모든 시간을 이곳 남미에서 보냈다. 새로운 신입생의 마음으로 달려온 남미여행, 그만큼 느낀 것도, 새롭게 알게 된 것도 많았다.

앞으로 또 다른 나라들을 여행하고 시간이 흘러 다시 일을 하면서도 휴가를 떠나겠지만, 나의 세계여행의 시작이었던 남미는 결코 잊지 못할 것이다. 서서히 이별을 준비하는 마음으로 남미도 조금씩 떠나보내려 한다.

뜨거운 열정 속에서 나를 충분히 자유롭게 해주었던 남미.
그리고 광활한 대자연에서 나를 나로 살아가게 해준 남미.
막상 마음에서 남미를 밀어내려니 감정이 복잡미묘하다.

굿바이 남미,

안녕 나의 미래

　무엇이든 시작하는 건 쉬웠는데 끝맺는 건 어렵다. 시작할 때
는 비교적 목표가 분명하고 동기도 명확하지만, 끝이라는 놈은
그 시점과 이유를 정확히 찾아내기가 힘들다. 언제 끝내야 하는
지, 그리고 어느 정도의 선에서 마무리지어야 하는지를 결정하
는 건 여전히 어렵다. 왜 멈추어야 하는지에 대해서도 시작할 때
보다 훨씬 더 스스로에게 솔직해지는 노력도 필요하다.

　솔직하지 못하면 결정할 수 있는 권리는 사라지고 만다.

　결국 마지막까지 떠밀려가서 내가 아닌 상황이 나를 멈추도
록 만든다.

홀가분하면서도 우울하다. 마지막이라는 감정은 언제나 그렇다.

'세계여행, 장기여행, 배낭여행'이라는 조금 거창한 타이틀을 하나 이뤄냈다는 성취감이 들었다. 마치 3년간 공부해서 대학에 입학하고, 경기 막바지에 골을 성공시키고, 또 야근하면서까지 프로젝트를 마무리했을 때와 비슷한 감정이었다. 하지만 동시에 다음에 대한 걱정이 드는 것이 현실이었다. 줄어들어가는 통장의 잔고와 늘어가는 경력단절이라는 공백의 기간은 점점 사람을 초조하게 만들었다. 아직 살아보지 못한 앞으로의 날들에 대한 걱정이 끊임없이 나를 불안하게 했다.

'얼른 일을 다시 시작하고 돈을 벌어야 하지 않을까?'

'내가 좋아하는 일을 하면서 살 수는 없는 것일까?'

30년이 넘도록 쉬지 않고 주어진 문제들을 풀어나가듯 살아온 삶을 끊어내고 싶었지만, 결국엔 또 이렇게 무언가에 쫓기는 기분이 들고야 말았다. 정확히는 무언가 쫓아오기보다 자꾸 뒤로 밀려나는 기분이었다. 마치 컨베이어벨트 위에 선 것처럼 뛰지 않으면 앞으로 나아갈 수 없고 가만히 있으면 점점 절벽으로 밀려나는 장면이 머릿속에 그려졌다.

하지만 이제는 괜찮다고 마음먹기로 한다.
이번만큼은 괜찮아져보기로 결정했다.

확신할 수는 없지만 삐그덕거리고 사건사고도 많았던 이번 여행도 결국은 이렇게 무사히 끝났지 않은가. 처음엔 아무것도 모르고 배낭도 없이 불안하게 시작했지만 점점 남미에 익숙해지면서 자신감도 생기고 나만의 '남미 생존법'도 터득하면서 시간이 흘러왔다. 한국에서 겪게 될 백수 생활도 아마 다른 사람들의 눈에는 생소한 이방인처럼 보일 수도 있지만, 그 또한 시간이 지나면 괜찮아질 것이라고 믿어보기로 한다.

무작정 남미로 떠나왔듯이 그렇게 무작정 백수 생활도 시작

해야지. 내가 언제부터 그렇게 계획을 가지고 살아왔던가. 돌이
켜보아도 인생에서 계획을 가지고 살아가는 시간은 전체의 0.1
퍼센트도 되지 않았던 것 같다. 그저 오늘 하루에 충실하고 그
때그때 상황에 따라 결정하는 시간들이 삶의 대부분을 차지해
왔다. 무언가를 한다고 해서 꼭 계획이 필요한 것도 아니고 준
비가 있어야 되는 것도 아니었다.

　내가 가야 할 방향만 명확하다면 그걸로 충분하다.

　군이 계획을 세워야 한다면, 올바른 방향에서 벗어나고 흔들
리지 않을 안전장치 정도면 된다.

　그렇게 생각하면 걱정이라는 것도 계획만큼이나 필요 없는
것일지도 모르겠다. 언제나 나는 다음 것들을 어떻게 해결할지
에 대한 걱정만 했을 뿐, 정작 '인생의 방향성'을 세우는 것처럼
큰 틀에서의 걱정을 하며 살지는 않았다. 여행을 하면서도 '오
늘 점심은 뭘 먹지?', '저길 가면 위험하지 않을까?' 정도의 코앞
에 닥친 걱정만 하면서 살았고, 지금도 '어디에 취업해야 되지?',

'돈은 어떻게 벌지?' 같은 걱정만 할 뿐이었다.

그것은 누군가에게는 간절한 신앙과도 같이 중요한 삶의 문제이지만 또 누군가에게는 그런 개념조차 존재하지 않는 사소한 것이 될 수도 있었다. 우리는 원시부족이 아니기에 현대사회의 한국땅에서 살아가기 위해서는 삶과 직결된 문제들을 아무렇지 않게만 치부해버릴 수는 없다.

하지만 여행을 마친 이 시점에서 적어도 나는 그런 것들을 조금은 내려놓을 수 있는 자세를 가질 수 있게 되었다.

남미로 떠나오기 위해 퇴사를 선택한 것은 아니었지만 결과적으로 나에게 남미는 적절했던 재충전의 시간이었다. 이 시간이 나에게 큰돈을 벌어다 주지도 않았고 대단한 지혜를 준 것도 아니지만, 적어도 '나'라는 사람이 누구이고 내가 어디로 가야 하는지 정도의 답은 찾아주었던 것 같다. 단순히 무슨 일을 하고 무엇을 먹고 사느냐의 문제가 아닌, 궁극적으로 내가 살고 싶은 모습 그리고 살아가고 싶은 방식에 대한 것들이 명확해졌다.

겉보기에 여전히 똑같아 보이거나 실제로 변한 것이 없더라도 괜찮다. 그래도 난 남미에서 행복했으니까. 그것 하나는 분명한 사실이니까. 그리고 각자의 삶에서 '행복'이 가장 소중하다는 것도 사실이니까.

나는 페루의 차가운 버스터미널 바닥에서 먹었던 싸구려 햄버거가 더 맛있었고, 언덕도 제대로 못 올라가는 고물차로 칠로에 섬을 달렸던 순간이 더 행복했다. 결국 행복의 선택도 내가 하는 것이었다. 어떻게 사는 것이 더 행복한지는 자신만이 알 수 있다. 남들이 보기에 행복해 보이는 거짓 웃음과 가식적인 미소가 아닌 '진짜 행복'이 있었으면 좋겠다.

꼭 여행을 가고 퇴사를 해야만 행복한 것은 아니다. 하지만 적어도 나는 온전히 자유로웠던 남미에서 행복했다.

이 책을 읽는 당신에게도 이런 순간이 한번쯤 머물기를 바라본다. 그리고 마지막으로 당신에게 이 말을 꼭 전하고 싶다.

"너의 삶도 조금은 특별해질 수 있어"라고.

나의 첫 세계여행, 그리고 남미여행.

그 여정은 콜롬비아 보고타에서 끝나지만
나의 진짜 여정은 이제부터가 시작이다.

지금부턴 남미에서 나를 마주했던 시간들이
인생이라는 긴 여행에 이정표가 되어줄 테니까.

여행자 태오의 퇴사 후 첫 남미여행
너의 삶도 조금은 특별해질 수 있어

초판 1쇄 발행 | 2019년 3월 18일
글 · 사진 | 태오
발행인 | 한동숙
펴낸곳 | 더시드 컴퍼니
출판등록 2013년 1월 4일 제 2013-000003호
전화 | 02-2691-3111
이메일 | seedcoms@hanmail.net

ISBN 978-89-98965-19-8 (13980)

이 도서의 국립중앙도서관 출판예정도서목록(CIP)은 서지정보유통지원시스템 홈페이지(http://seoji.nl.go.kr)와
국가자료종합목록시스템(http://www.nl.go.kr/kolisnet)에서 이용하실 수 있습니다. (CIP제어번호 : CIP2019007895)